该书得到海南大学教育教学改革研究项目（项目编号：hdjy2201）的资助

能源化学原理与材料技术应用研究

陈大明　余　凤　著

U0166411

吉林科学技术出版社

图书在版编目(CIP)数据

能源化学原理与材料技术应用研究 / 陈大明，余凤
著. -- 长春：吉林科学技术出版社，2022.4
ISBN 978-7-5578-9301-9

Ⅰ. ①能… Ⅱ. ①陈… ②余… Ⅲ. ①能源－应用化
学－研究 Ⅳ. ①TK01

中国版本图书馆 CIP 数据核字(2022)第 072869 号

能源化学原理与材料技术应用研究

著	陈大明 余 凤	
出 版 人	宛 霞	
责任编辑	钟金女	
封面设计	李若冰	
制 版	北京星月纬图文化传播有限责任公司	
幅面尺寸	185mm×260mm	
开 本	16	
字 数	203 千字	
印 张	12	
印 数	1–1500 册	
版 次	2022年4月第1版	
印 次	2022年4月第1次印刷	

出 版　吉林科学技术出版社
发 行　吉林科学技术出版社
地 址　长春市南关区福祉大路5788号出版大厦A座
邮 编　130118
发行部电话/传真　0431-81629529　81629530　81629531
　　　　　　　　　81629532　81629533　81629534
储运部电话　0431-86059116
编辑部电话　0431-81629510
印 刷　廊坊市印艺阁数字科技有限公司

书 号　ISBN 978-7-5578-9301-9
定 价　68.00元

作者简介

陈大明，男，副教授、硕士研究生导师，中国仪表功能材料学会电子元器件关键材料与技术专业委员会委员。本科、硕士和博士均毕业于电子科技大学，2011 年至2013 年在美国科罗拉多大学留学，现就职于海南大学。在 New Journal of Chemistry、
Journal of Applied Physics、Journal of Magnetism and Magnetic Materials 等高水平期刊发表学术论文 20 余篇（SCI）。担任 Journal of Applied Physics、Journal of Materials Science-Materials in Electronics 和 Materials Letters 等期刊的审稿人。主持国家自然科学基金 2 项（在研）、省部级项目 2 项、重点实验室开放课题 2 项，参与国家自然科学基金 3 项、省部级项目 5 项；获得海南省自然科学奖 1 项，申请国家发明专利 6 项。

余凤，女，副教授，海南大学 E 类高层次人才。硕士和博士均毕业于华南理工大学，现就职于海南大学。长期从事高分子水凝胶的结构与性能研究、天然高分子水凝胶的功能化设计研究及其在储能材料（锂离子电池、超级电容器等）领域的应用研究工
作。在 Journal of Membrane Science、Polymer chemistry、ACS Macro Letters、ACS applied materials interfaces、Journal of material chemistry B 等高水平期刊发表多篇学术论文。主持相关国家自然科学基金及海南省部级项目多项，参与多项其他课题；申请国家发明专利 3 项。

前　言

　　能源作为人类生存和发展的重要物质基础,是人类从事各种经济活动的原动力,也是衡量人类社会经济发展水平的重要标志。能源、材料与信息被称为现代社会繁荣和发展的三大支柱,已成为人类文明进步的先决条件。能源科学技术的每一次重大突破都会带来全球性的产业革命和经济飞跃,从而推动人类社会的发展进步。国家的经济发展中能源先行,能源供应水平包含能源的人均占有量、能源构成、能源使用率和能源对环境的影响因素等,它标志着一个国家的发达程度。能源的分类方法有很多种,按其形成方式不同可分为一次能源和二次能源,按其可否再生可分为可再生能源和非再生能源,按其使用成熟程度不同可分为新能源和常规能源,按其使用性质不同可分为含能体能源和过程性能源,按其是否作为商品流通可分为商品能源和非商品能源,按其是否清洁可分为清洁(绿色)能源和非清洁能源。以可再生能源和非再生能源为例,前者包括太阳能、生物质能、水能、氢能、风能、地热能、海洋能等,后者包括煤炭、石油、天然气等化石能源。

　　能源化学作为化学的一门重要分支学科,是利用化学与化工的理论与技术来解决能量转换、能量储存及能量传输问题,以更好地为人类生活服务。物质可以从一种形式转化为另一种形式,而能量也可以从一种能量转化为另一种能量。在这些转化、转换过程中,能源化学因其化学反应直接或通过化学制备材料技术间接实现能量的转换与储存。

　　目前,为了人类社会的可持续发展,世界能源发展已进入新一轮战略调整期,发达国家和新兴发展中国家纷纷制定能源发展战略。战略重点在于:提高化石能源开采和利用率、大力开发可再生能源、最大限度地减少有害物质和温室气体排放,从而实现能源生产和消费的高效、低碳、清洁发展。对处于高质量发展阶段的中国而言,能源已成为我国可持续发展的关键,能源问题的求解直接关系到我国的现代化建设进程。因此,我们更有必要以加快转变能源发展方式为主线,以增强自主创新能力为着力点,规划能源新技术的研发和应用。

本书共 20 万字，其中陈大明负责第一章、第二章、第三章、第四章内容撰写，共 12 万字；余凤负责第五章、第六章内容撰写，共 8 万字。

本书在撰写过程中，曾参阅了相关的文献资料，在此谨向这些作者表示衷心的感谢。由于笔者水平有限，书中内容难免存在不妥、疏漏之处，敬请广大读者批评指正，以便进一步修订和完善。

目　录

第一章　能源化学学科及其发展…………………………………… 1
　第一节　能源化学学科的理论范畴………………………………… 1
　第二节　能源化学学科的发展概况………………………………… 6
　第三节　能源化学学科的未来发展领域………………………… 13

第二章　生物质能及其技术原理…………………………………… 20
　第一节　生物质与生物质能的发展……………………………… 20
　第二节　生物质能的转化技术…………………………………… 27
　第三节　生物质能的发电技术…………………………………… 41

第三章　太阳能与材料技术原理…………………………………… 47
　第一节　太阳能的光热利用……………………………………… 47
　第二节　太阳能的光化学利用…………………………………… 53
　第三节　太阳能电池材料技术原理……………………………… 62

第四章　储能原理与材料应用研究………………………………… 81
　第一节　储能电池的电化学原理………………………………… 81
　第二节　超级电容工作原理及其材料…………………………… 87
　第三节　储氢材料及其应用探析………………………………… 97

第五章　材料化学原理与应用探究………………………………… 106
　第一节　材料化学原理阐释……………………………………… 106
　第二节　高分子材料与聚合物材料的合成……………………… 110
　第三节　复合材料功能特性及其应用研究……………………… 139

第六章　材料技术在能源领域中的应用研究……………………… 160
　第一节　光催化在能源化工领域的应用………………………… 160

第二节　纳米材料在新型能源领域中的功能化应用……………164

第三节　功能碳基复合材料在锂硫电池中的应用………………177

参考文献…………………………………………………182

第一章　能源化学学科及其发展

第一节　能源化学学科的理论范畴

一、能源化学学科的定义与内涵

能源是人类社会赖以生存和发展的重要物质基础。纵观人类社会发展的历史，人类文明的每一次重大进步都伴随着能源的更替或能源利用方式的改进。能源科学是研究能源在勘探、开采、输运、转化、存储和利用过程中的基本规律及其应用的科学，属于国际重大科学前沿。能源危机以及由能源问题引发的气候、环境危机是当今人类面临的重大难题。提高能源利用效率和实现能源结构多元化是解决能源问题的关键，这些都离不开化学的理论与方法，以及以化学为核心的多学科交叉和基于化学基础的新型能源材料及能源支撑材料的设计合成和应用。特别是在能源的开发和利用方面，无论是化石能源的高效清洁利用，还是太阳能等可再生能源的高效化学转化，都涉及重要的化学基元反应问题，都无可避免地依赖于能源化学的基础研究。

一方面，能源的高效利用，特别是传统化石燃料能源体系的高效利用离不开化学。能源利用实质上就是能量在不同形式之间转换的过程，通过化学反应可以直接或者间接实现能量和不同化学物质之间的转化与储存。化学能够在分子水平上揭示能源转化过程中的本质和规律，为提高能源利用效率提供新理论、新思路和新方法，如煤化工、石油化工和天然气工业中的许多重要过程所涉及的催化材料及其表/界面控制、化石能源和生物质的均相/非均相高效催化和绿色转化过程等领域，化学在提高其转化效率等关键问题上都具有无法替代的重要作用。

另一方面，化学已成为突破新能源的开发与转化各环节瓶颈的关键学科。煤、石油、天然气等化石能源储量有限且不可再生,其消耗殆尽已成不可逆转的趋势。为了满足人类发展对能源用量越来越多、能源质量越来越高的需求,必须开发新的能源资源,特别是具有重要战略意义的新能源,包括太阳能、生物质能、核能、天然气水合物及次级能源(如氢能、电能)等。新能源开发与转化过程中的重大科学问题不断对化学提出新的挑战,均迫切需要化学家从战略高度提出新思想、发展新方法,为新能源的开发与转化提供低成本、高效率的新材料和新技术。

因此,在亟须应用化学相关理论方法破解能源问题的重大背景之下,能源化学作为新兴学科应运而生。能源化学是能源科学和化学科学这两门主干学科与材料学、工程学、物理学、生物学、环境学、经济学、管理学等多个学科交叉融合,进而形成的在能源学科下的一门二级学科。能源化学主要利用化学的理论和方法来研究能量获取、储存、转换及传输过程的规律和探索能源新技术的实现途径。不论是在常规能源的综合利用还是新能源的研究开发过程中,能源化学均担当重任,为人类社会的可持续发展发挥巨大作用。催化化学、电化学、材料化学、光化学、燃烧化学、理论化学、环境化学和化学工程等学科及其分支学科为能源化学提供了学科基础。在划定能源化学下属学科时,本书并不主张将上述化学分支学科与能源学科进行简单组合而划分为诸如能源催化化学、能源电化学等次级学科,这些发展了数十年甚至上百年的成熟的化学分支学科必须在协同解决能源问题的过程中相互融合,因此应依照不同的能源资源利用过程以及对能源体系和过程的支撑作用将能源化学划分为碳基能源化学、电能能源化学、太阳能能源化学、热能能源化学及能源物理化学、能源材料化学以及能源化学系统工程等多个三级学科。

(一)碳基能源化学

碳基能源化学研究如何将化石燃料、生物质等碳资源清洁、高效地转化为载能分子和化学品。碳基能源化学重点发展碳资源优化利用的新方法、新技术与新材料,特别是注重发展非石油化石资源的高效绿色利用技术,是推动我国能源进步的一个重要方向。

(二)电能能源化学

电能能源化学研究电能与化学能之间的相互转化。电能与化学能之间相互转化是通过各式各样的化学储能器件即电池来完成的。电能能源化学涉及电化学、无机化学、纳米化学等学科领域,它的发展目标是通过深入揭示电极材料、电解质材料和膜材料之间多尺度带电界面的荷质转移机制,进而发展以锂离子电池、燃料电池、液流电池等为代表的安全高效化学储能体系。

(三)太阳能能源化学

太阳能能源化学研究太阳能的化学转化与利用。太阳能转化与利用途径涉及众多复杂的界面能量转换/转移过程,技术提升和成本降低有赖于对这些过程的深入认识以及新材料的发展。因此,如何发展高效且成本低廉的转化与利用技术是太阳能大规模开发利用的最大挑战,不仅亟需新材料的发展与革新,而且还需要深入理解太阳能化学利用中复杂的能量转化/物质转移过程以发展新的高效利用技术。

(四)热能能源化学

热能能源化学主要研究热能转化利用中的化学反应和材料,特别是中高温条件下的化学行为。由于温度是影响化学反应的重要因素,它不仅影响反应速率,而且在某些情况下还可以影响反应能否发生及反应进行的程度,使得高温下的化学行为表现出一些新的特征。热能能源化学重点发展的研究方向包括燃烧化学、高温燃料电池和高温电解水蒸气制氢等研究领域。

(五)能源物理化学

能源物理化学重点研究能源化学中的表界面问题和理论问题:聚焦能源化学研究中具有重要意义的气—固表界面和液—固表界面体系,以结构、环境和外场对表界面电子态的调控为基础,通过能源、化学、材料、物理等多个学科的交叉融合,探索能源化学中的动态过程及机理,探讨表界面结构和能源转化功能之间的内在本质关系,重点突破能源高效转化涉及的催化、电化学、光—电化学等过程中的关键科学问题,建立具有普遍指导意义的能源物理化学相关理论。

(六)能源材料化学

能源材料化学主要研究能源材料的合成与制备及其如何在能源化学过程中实现高效利用。能源新材料的开发与制备是当前能源材料化学的重点研究方向,针对碳基能源化学和电能能源化学等领域对催化材料、电极材料、电解质材料等能源新材料的重大需求,制备新型的纳米晶材料、二维层状材料、多孔材料以及复合界面材料,并从纳米尺度上对材料结构(尺寸、形貌、表面及界面作用、纳米组装与纳米空间限域、电子结构等)进行精准调控,是实现能源新材料在能源化学过程中发挥更高效能的关键一环。

(七)能源化学系统工程

能源化学系统工程主要针对能源化学中的各类工艺过程和系统,利用系统工程的理论、方法与技术解决能量和物质的高效转换、综合利用和互补集成等问题,以实现对能源化学系统的最优设计、规划、决策、控制、管理和运营。能源化学因其化学反应直接或间接实现能量和不同化学物质之间的转换与储存,通过过程集成和过程综合实现节能和科学用能,以发挥系统的最大效益和功能,是能源化学系统工程探索的焦点。

二、能源化学学科的战略地位

(一)我国能源发展面临的挑战

当前世界能源发展面临诸多严峻挑战,伴随着国际政治、经济发展和技术进步,全球能源发展呈现出能源结构向低碳化演变、能源供需格局逆向调整、能源价格持续震荡、能源地缘政治环境趋于复杂化、气候变化刚性约束增强、新一轮能源技术革命正在孕育等趋势。我国是世界能源消费第一大国,在应对世界能源形势变化的同时,也面临着能源资源短缺、消费总量大、化石能源比例高、能源安全形势严峻等问题。

由此可见,能源问题已经成为影响国民经济发展的战略问题。我国积极采取各种应对措施,努力从能源的体制机制上解决这些问题,先后设立了国家能源局、国家能源委员会,批准建设了一批国家能源研发(实验)中心,为构建国家能源创新体系奠定了坚实基础。我国将深入推进能源革命,着力推动能源生产利用方式变革,优化能源供给结构,提高能源利用效率,建设清洁低碳、安全高效的现代能源体系,维护国家能源安全。

建设现代能源体系,防止全球能源危机,在相当程度上依赖于能源领域的科技创新,而科技创新和人才培养离不开相关学科支撑,需要形成和统一能源大学科的框架与知识体系。有充分的理由预见,在不远的将来,能源科学将跟随材料科学、环境科学建立和壮大的历史足迹,也成为被学术界、工业界和社会所广泛认可的新的一级学科,并成为国际 ESI 收录的学科。能源化学是能源学科的最主要的二级学科之一。我国的化学学科已进入国际的第一方阵,能源化学研究已在国际上占有重要的一席之地,因此我国有望在国际上率先搭建起能源化学学科系统的知识体系,能源化学也有望成为能源学科的各个二级学科分支发展中的前行者和引航员。

(二)能源化学的作用

能源化学作为关键的基础学科和知识库,不论是在常规能源的综合利用还是在新能源的研究开发中都扮演着重要的角色,其作用主要体现在:

(1)传统化石燃料能源体系的高效利用离不开能源化学。在化石资源开发与利用方面,能源化学在实现煤炭的高效清洁利用,解决碳氢比可调的技术和新型的煤清洁燃烧技术中的催化燃烧及反应控制问题、煤化工转化过程中产物定向转移控制问题、煤与可再生能源组合应用的过程设计与工艺集成技术和二氧化碳的捕集与储存技术等问题中将起到重要作用。在石油/天然气的加工和石油/天然气化工工艺中,能源化学为研究相关的新反应、新转化机理、新催化剂、新反应过程提供新的理论与方法,能够系统探讨和提出石油、天然气资源高效开采和利用的新途径。

(2)能源化学已经成为突破新能源的开发与转化各环节瓶颈的关键学科和知识库。在新能源开发和利用方面,新能源的发展一方面依靠新原理来发展新的能源系统。另一方面还必须靠新能源材料的开发与应用,支撑能源系统得以实现,并进一步提高效率,降低成本。新能源材料的最大特点是在提供能量高效转化与储存的同时实现清洁生产,即充分利用参与反应的原料原子实现"零排放",以获得最佳原子经济性。而新能源材料的组成与结构、合成与加工、性质与现象、使用与性能等都是以能源化学为基础出发点。

(3)能源化学致力于开发清洁高效的能源存储与转换材料,开拓能源存储与转换新体系,提高能量转换效率。在节能与提高能源效率和开发新型能源器件等方面,通过开发高容量、高功率、低污染、长寿命、高安全性的燃料电池、二次电池,发展电动汽车、替代能源车,构建节油乃至部分替代石油的新一代交通体系。在电网安全、促进新能源并网方面,发展用于大规模储能和分布式储能的电池体系,助力发展智能电网系统,破解风能、太阳能等可再生能源发电不连续、不稳定、不可控与能源需求连续性之间的矛盾,减小可再生能源发电并网对电网的冲击,提高电网对可再生能源发电的消纳能力。

综上所述,能源化学学科的高速、健康发展将对国家能源安全、国民经济和人民生活产生重要的积极影响。因此,能源化学学科理应占据优先发展的战略地位。能源化学领域复杂的关联性迫切需要理工科融合及搭建包括经济、管理学科的大框架和知识系统,呼唤新的教育培养人才的方法、模式和体系。

第二节　能源化学学科的发展概况

能源化学学科在能源与化学学科的相互作用过程中沉积了深厚的融合基础,在当今能源危机日益临近、环境污染日趋严重的时代背景下应运而生,属于新兴学科。能源化学学科在发展过程中始终以社会需求为导向,高度重视能源系统和器件的复杂性,注重发展颠覆性的能源技术,持续支撑能源科技继续向绿色低碳、高效、智能、多元化方向发展。能源化学具有理工科高度融合的特点,是能源学科的最主要二级学科之一。在全国范围内设置与推广能源化学本科专业,在我国高等教育体系内建立从本科生到研究生一体化的能源化学创新人才培养体系和教育模式乃是大势所趋。能源化学,顾名思义是能源与化学两个一级学科的交叉。但事实上,能源化学乃至能源学科迄今未被 ESI 收录,还很不成熟,因此很有必要探析其发展规律、特点和趋势。

一、能源化学学科的发展规律

(一)能源化学以强烈的社会需求为导向而建立并发展

妥善解决快速增长的能源需求和日益严峻的资源和环境之间的矛盾是人类社会必须面对的重大问题。人类社会对能源化学的需求不仅体现在优化利用传统能源、开发新能源来应对能源危机,而且也体现在从源头上遏制环境污染,坚持可持续发展战略。换言之,能源化学学科是由全球和社会对能源需求所倒逼而建立和发展起来的,当前还处在学科建立的起步阶段,主要应以社会需求为导向,积极适应经济社会发展的需求以及能源产业发展的需求,以科学提升现有能源技术为主。当全面搭建学科框架和形成知识体系之后,则可能进入科学引领未来能源技术为主的阶段,即更为重视基础研究所引发的颠覆性(变革性)技术,进而拓展学科领地。

(二)能源资源高效利用是能源化学发展的主要推动力

能源化学是若干能源资源利用过程的先导和源泉,两者紧密相连、相互促进。例如,传统化石燃料的高效利用过程推动了煤化工、石油化工和天然气工业过程中所涉及的化石资源均相/非均相高效催化和绿色过程、催化材料及其表/界面控制等碳基能源化学研究领域的发展;新能源的开发与利用过程推动了太阳能能源化学、电能能源化学等研究领域的发展另一方面,能源化学相关研究领域的发展和学科知识体系的丰富极大地促进了能源资源利用过程的更加高效、环保和可持续发展。

(三)能源化学领域颠覆性技术推动能源生产、利用方式发生重大变革

颠覆性技术是指一种另辟蹊径、会对已有传统或主流技术产生颠覆性效果的技术,能够给经济体带来"创造性"变革,造成利润空间转移和产业结构调整,导致传统企业被新兴企业取代。例如,在能源存储与转化领域,锂离子电池作为一项颠覆性技术突破了传统铅酸、镍氢电池的技术瓶颈,使得智能手机等移动设备的推广普及成为现实。然而,现有锂离子电池技术尚不能满足电动汽车跑得更远、跑得更快、更加安全便捷的需求,因此产业对锂—空气电池、全固态电池等颠覆性技术充满期待。由此可见,面对当今能源技术面临的发展瓶颈与众多难题,必须重视发展颠覆性技术。能源学科的建立与发展思路需要建立在当今国际能源结构体系无法承受和满足日益增长的能源需求之上。在新能源开发与利用方面,钙钛矿太阳能电池技术、太阳能光解水和制备光燃料、基于外场增强效应的能源转化和利用新方式等也是值得期待的颠覆性技术。为此,能源、化学、材料甚至管理等多个一级学科的有机交叉方可有效推进颠覆性技术的产生。

二、能源化学学科的学科特点

能源化学学科主要具有以下学科特点:

一是能源化学学科在教学和科研方面必然要有全新的知识结构体系,具有理学、工学相融合大格局的鲜明特色,需要协同物理化学、材料化学和化学工程等学科知识。能源化学是在强烈的社会需求的倒逼下建立和发展的，因此必须从现实的能源需求出发，依照不同的能源资源利用过程以及对能源体系和过程的支撑作用来构建能源化学学科的知识结构体系，这就决定了能源化学必然融合理学和工学，协同多个学科知识的鲜明特色。例如，太阳能能源化学三级学科是在人类社会对清洁、可再生能源的强烈需求下建立和发展起来的，深入理解太阳能化学利用中复杂的能量转化/物质转移过程以及新材料的发展与革新无疑属于理学基础研究的范畴，而发展新的高效利用技术，大规模开发和利用太阳能则将更多地发挥工学的专长。

二是能源问题的解决依赖于能源体系（系统和器件）的高效构建，绝大多数能源化学体系都包含若干复杂的能源化学过程，而能源化学过程的实现又依赖于能源材料功用的发挥，特别需要从能量、时间、空间三个角度去考虑各类材料衔接的界面问题。例如，动力电源（锂离子电池、燃料电池等）由于外界实际工作环境的复杂、多变，需要在较短的时间内对对外输出的电压和功率做出频繁且大幅度的变化响应，其能量输出随时间不恒定的特点使得整个体系的调控变得非常复杂。这要求在构建高效能源体系时考虑通过能源材料、界面的调控影响能源过程，达到构建、调控能源体系的目的。以质子交换膜燃料电池系统为例，其实用商业化的瓶颈一直集中在高效价廉的催化剂和膜电极的构建，反应包含固/气/液三相界面分步骤、分层次的传质和传荷过程，涉及纳米—介观—宏观的跨尺度问题，因此特别需要从能量、时间、空间三个角度去考虑各类材料衔接的界面问题。燃料电池系统的热管理和水管理还需要融合工程热物理和化工技术等领域的重要基础知识，开拓出微细通道传热、传质与多相流动等工程热物理前沿领域的重要工程应用。

三是能源化学领域的多数前沿研究正在向系统集成的方向发展，实现系统集成的关键在于能源化学各领域之间以及能源化学和其他学科之间的协同增效，需借助集成和过程革新，寻求将多种能源综合互补、高效利用的有效途径与方法。例如，煤与天然气共炼制液体燃料和化学品（煤—气共炼）是煤化工领域非常值得期待的颠覆性技术，然而，仅依靠传统的煤化工催化已被证明难以实现煤—气共炼过程，其发展方向是集成催化化学、光化学、电化学和纳米科学等手段，寻求联用方法以突破其技术瓶颈。又如，风能/太阳能—生物质基低碳混合能源系统需要集成太阳能能源化学、电能能源化学、碳基能源化学的数个研究方向，通过能源系统的相互耦合，不仅可以生产电力、输出燃料和化学品等,还能实现系统的二氧化碳负排放,达到二氧化碳减排与资源化的目的。

四是能源化学的科学研究、学科发展、人才培养特别需要强调大局和统筹观,必须以系统论的方法,以可持续发展的理念,以全局、历史、开放和关联的视角去分析和研究能源和能源化学问题。需要结合我国实际,统筹考虑能源发展与经济、社会、环境、外交等方面的关系;统筹考虑满足能源需求、保护生态环境与增强国际竞争力的关系;统筹考虑我国能源资源的特点与分布和开发与利用的关系;统筹考虑煤、水、电、油、气、核等各种能源之间的关系;统筹考虑化石能源与非化石能源、传统能源与新能源之间的关系;统筹考虑能源开发、输送、消费等各个环节之间的关系。能源化学领域很有必要将各个分离的科学研究和人才队伍等集成到紧密关联、统一和协调的大科学系统之中。

三、能源化学学科的发展趋势

能源化学学科主要具有以下发展趋势:

一是能源化学学科的新概念、新方法、新理论将不断涌现,支撑世界能源科技继续向绿色低碳、高效、智能、多元化方向发展,引领能源生产和消费革命不断深化。

二是前沿性探索研究和能源新技术开发的结合将更加紧密;能源化学越来越重视并参与能源科技全产业价值链的创新;与能源相关领域的渗透与综合使能源化学有机会在更大的框架和系统中得以发展。

三是能源化学将形成完善和统一的学科框架与知识体系,理工科一体化的新模式将在探索和发展中逐步形成,并得到学生、学校乃至整个社会的认可,同时推动我国在高等教育体系内推广能源化学本科专业,建立从本科生到研究生一体化的能源化学创新人才培养体系和教育模式。

四、能源化学的学科发展目标与任务

能源化学学科以"满足国家能源战略需求,引领国际能源化学学科"为发展目标。主导推进 ESI 将能源科学列为所收录的一级学科,并将能源化学列为主要的二级学科之一。

立足我国能源化学科技现状,从国家能源战略需求和学科发展需要出发,争取在5~10年内建设比较完善的能源化学学科体系和人才培养体系,持续为国家培育能源化学创新人才;建立一支高水平的研究队伍,汇聚培养能源化学领军人才,成为国际能源化学研究和教学的学术高地;突破能源化学领域若干基础科学问题和关键技术,抢占国际能源化学科学研究和核心技术开发的战略制高点;建成一批先进的能源化学的科研平台及大科学装置,为解决制约我国经济发展的能源重大关键问题奠定科学基础,并为相关的能源高新技术和产业的发展提供科学支撑。针对上述学科发展目标,能源化学具体的学科任务如下:

(一)构建能源化学的新学科框架与知识体系

从我国现有的学科划分来看,能源相关学科及其下属分支属于工科,仅与煤电、热电、水电及电网等相关,很不全面。因此,需要在学科的知识体系、方法体系和学科体制等方面进行创新,全面建成能源化学学科。具体来讲,能源化学以现有的催化化学、电化学、材料化学、光化学、燃烧化学、理论化学、环境化学和化学工程等作为主要学科基础。如何强化上述多学科的交叉融合进而使其提升为新兴学科的任务十分艰巨——需要针对碳基能源优化利用、能源的化学存储与转化、太阳能高效利用等研究领域中的重大科学问题,形成碳基能源化学、电能能源化学、太阳能能源化学、热能能源化学及能源物理化学、能源材料化学以及能源化学系统工程等三级学科等为代表、较为完善的能源化学科学体系。

(二)加快建立从本科生到研究生一体化的教育模式与培养体系

目前我国能源化学的科技产业人员基本上是在本科生阶段进入化学专业或材料专业,之后考上能源化学研究生或直接进入有关企业部门,这种本科生教育与研究生培养相互割裂的培育模式已难以适应新形势下能源化学领域对创新人才的需求。因此,要积极推动能源化学学科进入本科生学位授予和人才培养学科目录,推动在条件成熟的高等院校增设能源化学本科专业,并按照能源化学特定的培养目标切实推行"宽方向、厚基础"的培育模式。要下大气力制定教学大纲和课程体系,特别是编写一套高水平的教材,并建立与之相适应的教学模式、管理制度和评估方式,系统培养理工科贯通的能源化学专业人才。力争在人才培养、学科建设和科学研究等方面抢占国际战略制高点,为实现能源领域新一轮跨越式发展提供坚实的科技支撑和丰富的人才资源。

（三）持续在能源化学领域开展原创性、引领性的科学研究与技术创新

一方面,鼓励科技工作者在能源化学领域积极开展自由探索,充分发挥科学家的想象力和创造力,发展能源化学新概念、新方法、新理论,从源头上保障科技创新,形成一批前沿性的核心技术和方法学理论,有效带动学科整体水平。

另一方面,面向国家重大战略需求,建设一批技术创新类、科学研究类、基础支撑类的能源化学研究平台。利用平台汇聚能源化学领军人才和培养后备人才;利用平台开展大量原始创新工作,引导科技工作者重点解决碳基能源优化利用、能源的化学存储与转化、太阳能高效利用等研究领域中的关键科学与技术问题,保障和促进社会经济的可持续发展,进而良性反馈,进一步推动能源化学学科的健康发展。

五、能源化学学科的人才培养

学科作为知识体系结构分类和分化的重要标志,既在知识创造中发挥着基础性作用,也在知识传承中发挥着主体性作用。学科建设是一项提升自主创新能力、建设创新型国家的带有根本性的基础工程。发展能源化学学科不仅要通过科学技术的研究与开发以发展能源化学学科领域和知识体系,还应该通过高等学校或研究部门为能源化学学科培养高级专门人才。

近年来,作为新时代发展衍生出的新的交叉方向,能源化学领域的科学技术研究在世界范围内蓬勃发展。然而,在培养能源化学专门人才方面,中国和世界都处在刚刚起步的阶段。能源化学研究均涉及化学、材料、物理等多学科,亟须多学科的紧密协作,这对人才多元化和人才培养机制提出了新的挑战。国际上,能源化学人才的培养多采用以高校教学为基础,通过科研实践进一步提高人才整体创新能力的模式。

为拉近基础教学与能源化学科学研究的距离,许多世界著名大学都陆续开设了学科交叉性强的能源相关课程。例如,美国加州大学伯克利分校开设的能源化学课程有生物质能源、核化学、绿色化学、通向可持续性发展的学科交叉方法、能源方案—碳捕获和吸收、可持续性能源科学和工程等;麻省理工学院也设立了先进能源转换基础、电磁能源—从发动机到激光、能源决策—市场和政策、可持续能源简介、电化学能源系统、电化学能源转换

和存储等课程;美国西北大学开设的相关课程包括绿色化学、可持续性能源和环境、能源系统等;斯坦福大学设立了能源资源和环境、可持续性能源、环境科学和技术、可再生能源、碳捕获和吸收、能源体系优化等课程。加州大学伯克利分校提供了能源相关的本科选修课并设立了能源的硕士和博士学位,麻省理工学院则提供跨多个学科的能源课程作为选修课。英国的剑桥大学也开设了可持续性发展、可持续性能源、当前和未来能源体系、能源—可持续性和环境等课程;牛津大学则开设了能源—环境体系、能源体系课程。在日本,大阪大学开设了催化化学、应用电化学、环境材料学、核化学等课程;北海道大学设立了催化化学、能源转化材料、资源循环材料学、资源再生工学、资源化学、电气化学等课程。

近年来,国内各高校也开设了一些能源化学相关课程。例如,北京大学开设了催化化学、高等电化学、核燃料循环化学、新型储能材料化学等;清华大学开设了催化剂与能源、生态和环境、催化动力学、绿色化学、可持续发展社会的化学、工业催化;浙江大学开设了低污染燃烧理论与技术、燃气蒸汽联合循环、太阳能利用基础、能源环境污染及其防治、能源科学与技术展望;复旦大学开设了绿色化学选读、环境催化、可持续发展概要、生物质能源技术等。后来,能源化学工程被教育部列入本科专业招生目录,北京化工大学、华南理工大学、中国石油大学(北京)等高校相继开设能源化学工程专业。

总体上,目前国际上还未将能源化学相关教育提升到学科高度,均存在学科系统性不强等不足,且尚未建立从基础教学到科研实践为一体的人才培养体系。我国在交叉型能源战略决策人才的培养和研发队伍的建设方面明显滞后,构建全面满足能源发展需求的人才培养体系已是能源化学人才培养的燃眉之急。一方面,仅凭借与工科方向的专业融合已远远不能满足能源科学深度发展的需要,必须与更多的基础科学相互融合。兼备化学和能源为主的知识体系,得到系统的科学基本素质培训,同时具有数学、物理和经济等相关知识的新型跨学科人才必将成为多个领域的急需人才。另一方面,基于传统学科分类的人才培养模式(化学、物理、材料的本科教育与能源方向的研究生培养相互割裂)已难以适应新形势下能源领域对创新人才的需求。因此,当前要以国家重大需求为导向,结合能源、化学、材料等相关学科的发展趋势,积极推动能源化学学科进入学位授予和人才培养学科目录,在条件成熟的高等院校增设能源化学本科专业,建立从本科生到研究生一体化的教育模式与培养体系。按照能源化学特定的培养目标,切实贯行

"宽方向、厚基础"的培育模式,完善教学内容和课程体系,建立与之相适应的管理制度和评估方式,既要培养学生具备深厚的能源化学基础理论、基础知识和基本技能,又要使学生兼具能源相关学科的知识背景、了解前沿交叉领域的发展动态,使学生接受应用研究、技术开发和科技管理的初步训练,将他们培养成为既具备挑战能源化学前沿的潜力,又能在能源、材料、环境、化工等相关领域中发挥才干,并能在化学以及能源相关领域从事科研、教学、技术及相关管理工作的稀缺型人才。我国要力争在世界范围内抢占在人才培养、学科建设和科学研究等方面的战略制高点,为实现能源化学领域新一轮跨越式发展提供坚实的科技支撑和丰富的人才资源。

第三节　能源化学学科的未来发展领域

为实现我国能源化学领域的发展目标,结合重大理论问题、国际研究动向和国内现有研究基础,未来能源化学学科将重点发展以下研究领域:

一、碳基能源化学领域

(一)甲烷活化与转化

甲烷活化与转化包括:寻求可以获得较高目标产物收率的甲烷催化转化新途径;注重开拓较为温和反应条件下的甲烷催化转化的新方法,发展光、电、热催化反应耦合的新型催化体系;注重非常规方法的甲烷活化,探索使用不同氧化剂时甲烷的多种活化方式及极端反应条件下的反应方式,寻求高效反应途径;创新催化材料的设计与制备,不仅考虑甲烷在催化活性位上的活化,同时注重活性中心的微环境。

(二)生物质转化

生物质转化包括:研究木质纤维素的结构、聚集态及其预处理和主要组分分离的新方法;研究纤维素、半纤维素直接催化转化为单糖、多元醇等平台化合物及其催化转化制备液体燃料和化学品;研究木质素的绿色催化解聚以及芳烃和环烷烃等化合物的制备;面向木质纤维素高选择性转化催化剂和反应机理的基础研究;将化学与生物转化有机结合,发展木质纤维素高效转化的新方法与新过程。

(三)合成气催化转化

合成气催化转化包括：汲取近年有关活性相尺寸效应、限域效应及助剂作用等方面的成果，引入介孔沸石分子筛、纳米碳材料以及低维纳米结构材料，发展核壳、限域等纳米结构催化材料的合成方法，创制高活性、高选择性合成气转化催化剂；结合理论模拟和谱学表征研究，揭示反应条件下 CO/CO_2 活化和 $C-C$ 偶联机理，深入认识控制碳链增长的关键因素；构建多功能协同催化体系，有效利用反应耦合，开拓和发展合成气转化的新反应和新过程；反应器设计和反应过程强化方面的创新。

(四)二氧化碳化学利用

二氧化碳化学利用主要包括：二氧化碳催化活化转化全方位的理论分析及分子模拟；二氧化碳转化催化剂的新型制备方法；探寻二氧化碳负离子利用的潜在价值；探寻二氧化碳催化转化新反应或新反应途径；二氧化碳光催化转化和光电催化转化。

二、电能能源化学领域

(一)燃料电池

燃料电池包括：低铂/非铂催化氧还原与氢（及生物质燃料）氧化过程，含催化材料与催化机理解析；新型抗自由基非氟固态电解质的分子设计与合成；高效能量转换多孔电极界面行为与极化本质；高一致性电堆选控策略与机制、高可靠性系统集成技术；高燃料利用率的燃料电池水热管理技术；开发新型储氢材料及高效低成本的制氢技术。

(二)动力电池

动力电池包括：研发高比能量材料体系；研究电极反应过程、反应动力学、界面调控等基础科学问题；发展电极表界面的原位表征方法；开展基于全电池系统的电化学过程研究；促进锂硫电池等新型金属锂电池体系研发成果的转化。

(三)液流电池

液流电池包括:高浓度、高稳定性电解质溶液的制备技术与工程化放大技术;高性能非氟离子传导膜的工程化及产业化技术;高导电性、高活性电极双极板的工程化及产业化技术;大容量、高功率密度液流电池电堆的研究开发;大规模(高功率、大容量)液流电池储能电站技术的研究开发及商业化应用示范工程。

(四)储能型锂/钠离子电池

储能型锂/钠离子电池包括:低成本、长寿命锂/钠离子电池材料的研究;材料的表面结构与功能调控;电池性能演变过程的研究;电池安全性机制与控制技术;快速电极反应过程机理的研究;锂/钠离子电池的资源利用与环境保护。

(五)铅酸和铅碳电池

铅酸和铅碳电池包括:碳材料作用机理研究;负极析氢抑制技术的研究;碳材料的微观结构设计与制备技术研究;电池结构设计与生产技术研究。

(六)锂—空气电池

锂—空气电池包括:高稳定性、高催化活性正极材料的研究;不挥发高电化学稳定性电解液的研究;提高金属锂电极的界面稳定性的研究;高性能固体电解质隔膜与氧气选择透过技术的研究。

(七)全固态电池

全固态电池包括:发展具有高离子电导率和高环境应变性的离子导体等固体电解质体系,开展新型快离子导体材料的合成方法与电化学性能研究;开展界面物质间的化学和电化学相互作用及其反应机理和动力学的研究;发展全固态锂电池制备技术的应用基础研究。

(八)可穿戴柔性电池与微电子系统储能器件

可穿戴柔性电池与微电子系统储能器件包括:研发具有优异机械性能和良好电化学性能的电极材料和新型固态电解质;研发具有高的电子电导

率和良好的机械性能的柔性集流体;研究强度高、柔韧性好的封装材料;设计与电子系统适配的新型电池结构和封装技术。

三、太阳能能源化学领域

(一)太阳能电池

太阳能电池包括:发展结合第 1 代至第 3 代太阳能电池的新型叠层技术;第 3 代太阳能电池技术的实用化。

(二)太阳能燃料

太阳能燃料包括:宽光谱半导体材料的开发与制备技术研究;光(电)催化分解水制氢的基础研究与规模化;光(电)催化二氧化碳还原催化剂的设计合成;太阳能电池与电催化的结合;高效光电化学系统的界面工程。

(三)太阳能热化学

太阳能热化学包括:太阳能热化学燃料转化;太阳能热化学储能;太阳能热化学互补发电。

四、热能能源化学领域

(一)燃烧化学

燃烧化学包括:探究关键燃烧基元反应的微观机制;开展燃烧反应中间产物的准确测量和模型的宽范围验证;建立液体和固体燃料燃烧反应动力学模型;深入研究燃烧污染物形成机理。

(二)化学链燃烧

化学链燃烧包括:氧载体的筛选及性能研究;化学链燃烧反应器的设计优化;化学链燃烧系统的拓展应用。

(三)高温燃料电池

高温燃料电池包括:熔融碳酸盐燃料电池材料基础研究;固体氧化物燃

料电池材料基础研究;高温燃料电池工程化应用示范研究;直接碳燃料电池的研究。

（四）高温电解水蒸气制氢

高温电解水蒸气制氢包括:固体氧化物电池电极反应机理的研究;固体氧化物电池电堆衰减机制研究;发展高温原位表征手段;固体氧化物电池新材料体系的研发和微观结构优化;新型固体氧化物电池电解池的研发;发展大规模系统集成技术以及与清洁能源的耦合技术,建立先进工程示范装置;发展高温共电解 CO_2/H_2O 制备合成气技术。

五、能源物理化学与能源材料化学领域

（一）能源表界面物理化学

能源表界面物理化学包括:能源表界面的热力学/动力学特性及结构调变电子态的规律;能源表界面结构的修饰和能源化学过程的调控;能源表界面的外场调控和能源化学过程的增强;能源物理化学过程的表征新技术;能源物理化学过程的理论研究新方法。

（二）能源化学理论问题

能源化学理论问题包括:基础计算方法的发展;新概念和新理论的提出;高通量筛选、大数据和计算信息学的融合发展。

（三）能源新材料制备

能源新材料制备包括:功能介孔材料的制备;金属纳米结构的制备;二维半导体材料的制备;复合纳米结构的制备。

六、能源化学系统工程领域

（一）基于化学能源的（冷）热电联供

基于化学能源的(冷)热电联供包括:(冷)热电联供系统的优化配置与选型研究;(冷)热电联供系统的能量管理与运行策略研究;新技术在(冷)热

电联供系统中的应用。

（二）煤基多联产

煤基多联产包括：多联产系统化学能和物理能梯级利用的能量转换机理研究；煤热解分级转化研究；煤、生物质气化多联产研究；煤基多联产灵活系统（燃料、产品）设计。

（三）生物质气化多联产

生物质气化多联产包括：生物质制氢与液体燃料合成技术；BGFC-GT一体化技术；生物质与天然气基及其互补的多联产系统集成；灵活系统（燃料、产品）设计与联产方案优化。

（四）换热网络

换热网络包括：基于夹点分析、数学规划、人工智能等技术的换热网络优化；基于夹点分析与数学规划结合的换热网络优化；换热网络控制与工艺一体化设计。

（五）能源互联网

能源互联网包括：不同类储能系统的优化配置；能源互联网核心单元的优化设计、协调调度和运行控制；多类型能源网络的耦合与连接；基于大数据挖掘的优化设计和运行方案研究。

七、能源化学学科的资助机制与政策

未来 10—20 年将是能源化学飞速发展的黄金时期。把握历史机遇，实现"满足国家能源战略需求，引领国际能源科技前沿"的发展目标，要求我国能源化学学科必须做好顶层设计和科学规划。立足我国能源化学学科现状，从国家能源战略需求和学科发展需要出发，提出如下资助机制与政策建议。

一是要抓住国际尚未建立能源化学学科特别是本科生—研究生教育体系的良机，借助高校体制机制改革的东风，在教育部等国家部门的领导下，集中全国的优势力量，群策群力，全面细致做好顶层设计和学科规划，进而抓紧在部分基础好的高校开展试点工作，加快全面推进引领国际新学科发展的步伐。

二是加强能源化学学科建设和人才培养的高度和力度,特别要针对理科与工科融合的特点,以编写高水平的本科教材为突破口,学以致用,走向国际。加强高校、科研院所间的合作教学和实习科研,邀请能源工业界和政府机构人员在高校开展讲座。引导推动人才培养链与产业链、创新链有机衔接,积极且扎实地在教育和培养人才模式创新。

三是建议设立能源化学专项基金或能源化学重点专项,以期集中有限资金突破重大关键科学问题,持续支持我国能源化学前沿创新研究,特别鼓励相关的颠覆性(变革性)研究,以使我国的能源化学科研与技术全面进入国际第一方阵。

四是加强政府管理部门、研究出资主体及研究机构之间的统筹协调。优化基础研究项目、人才、基地,自由探索性研究和定向性研究的经费配置。在加强竞争性项目经费投入的同时,加大对人才和基础研究、公益类科研机构持续且稳定的支持力度,在能源领域布局一批能源研究的国家级平台(如国家实验室),尤其是能源化学前沿创新平台,使基础研究、高技术开发、成果产业化能形成有机的链条,体现基础研究和学科建设成果对创新型国家的支撑作用。

五是鼓励跨学科交叉研究、重视发展能源化学领域的颠覆性技术。建议采取多样化的科研组织方式,推动多学科交叉研究。在项目的组织形式上既要鼓励科学家自由选题,开展探索性研究,更要根据国际科学发展的动态和我国实际情况,通过国家相关的资助机构加强系统设计,围绕总体目标开展系统性研究。强化基础和推进学科交叉已成为培育颠覆性技术的重要趋势,建议凝聚优势力量,重点针对能量获取、储存、转换及传输过程中的重要科学问题进行能源颠覆性技术研究。

六是促进能源化学科技成果转化和技术转移,完善相关的能源产业链。技术转移是推进能源产业发展的重要方式和有效途径,为加快能源改革进程、提升能源自主保障能力,必须高度重视能源技术转移工作。通过新模式培养相关人才,实质性推进全产业链协同创新和联合攻关,系统解决能源化学工程化和产业化的关键问题,加速形成能源新兴产业集群。

第二章　生物质能及其技术原理

第一节　生物质与生物质能的发展

生物质能是人类一直赖以生存的重要能源,是仅次于煤炭、石油和天然气而居于世界能源消费总量第四位的能源,在整个能源系统中占有重要地位。在可能替代化石燃料的能源中,生物质以其可再生、产量巨大、可储存、碳循环等优点而引人注目。有关专家估计,生物质能极有可能成为未来可持续能源系统的主要组成部分。

一、生物质——古老的能源

生物质是指通过光合作用而形成的各种有机体,包括所有的动植物和微生物。生物质能是以生物质为载体的能量,它是将太阳能转化为化学能而储存在生物质内部的能量形式。因此,生物质能是直接或间接地来源于植物的光合作用。在各种可再生能源中,生物质极为独特,它储存的是太阳能,是唯一可替代化石能源转化成气态、液态和固态燃料以及其他化工原料或者产品的碳资源,加之在其生长过程中吸收大气中的二氧化碳,构成了生物质中碳的循环。煤、石油和天然气等化石能源也是由生物质能转变而来的。据估计,全世界每年由植物光合作用固定的碳达 2000 亿吨,含能量达 3×10^{21} J,每年通过光合作用储存在植物的枝、茎、叶中的太阳能相当于全世界每年耗能量的 10 倍。生物质遍布世界各地,其蕴藏量极大,仅地球上的植物每年生产量就相当于目前人类消耗矿物能的 20 倍,或相当于世界现有人口食物能量的 160 倍,资源开发利用潜力巨大。

生物质能资源自古以来就是人类赖以生存的能源,在人类社会历史的发展进程中始终发挥着极其重要的作用。人类自从发现火开始,就以生物质的形式利用太阳能来做饭和取暖。即使是今天,世界上薪柴的主要用途依然是在发展中国家供农村地区的炊事和取暖。

　　生物质原料具有区域性和分散性的特点。生物质储量分布广阔但极为分散,因此给收集和作为原料的稳定性都带来一定的困难,对于城市垃圾来说也是如此。农作物的剩余物能量密度较低,运输也有一定困难,增加了运输成本。以农作物剩余物为燃料的电厂,由于原料来源的季节性和种类的多变性,需要设置较大的储料场和混料场,以保证电厂运行的稳定性,同时考虑到秸秆的易燃性,防火措施也要相应加强。此外,由于生物质的能量密度低,远距离运送是不合理的。根据以秸秆为原料电厂的可行性研究和运行实践证明,通常运送距离不超过 30km 为宜(预制成高密度固体燃料除外)。总的原则是,按单位能量计,生物质的价格应低于原煤价格,否则生物质电厂经济上难以维持。

　　植物生物质所含能量的多少与下列诸因素有密切的关系:品种、生长周期、繁殖与种植方法、收获方法、抗病抗灾性能、日照时间与强度、环境温度与湿度、雨量、土壤条件等。世界上的生物质资源数量庞大、形式繁多,大致可以分为传统和现代两类。传统生物质包括家庭使用的薪柴、木炭和稻草(也包括稻壳)、其他植物性废弃物和动物的粪便,农村烧饭用的薪柴是其中的典型例子。传统生物质能主要在发展中国家使用,广义上包括所有小规模使用的生物质能,但也并不总是置于市场之外。现代生物质能是指由生物质转化成的现代能源载体,如气体燃料、液体燃料或电能,从而可大规模用来代替常规能源,巴西、瑞典、美国的生物能计划便是这类生物能的例子。现代生物质包括工业性的木质废弃物、甘蔗渣(工业性的)、城市废物、生物燃料(包括沼气和能源型作物)。

　　在能源的转换过程中,生物质是一种理想的燃料。生物质能的优点是燃烧容易、污染少、灰分较低、具有很强的再生能力;缺点是热值及热效率低,体积大而不易运输,直接燃烧生物质的热效率仅为 10%～30%。随着科技的发展,传统的利用方式逐渐被高效、清洁的现代生物质能替代。目前世界各国正逐步采用如下方法利用生物质能:①热化学转换法,主要是将固体生物质转换成木炭、焦油和可燃气体等品位高的能源产品。热化学转换技术包括高效燃烧技术、气化技术、直接液化技术和生物柴油技术,按其热加工方法的不同,又分为高温干偏、热解、生物质液化等。②生物化学转换法,主要指生物质在微生物的发酵作用下生成沼气、乙醇等能源产品。生物化学转换技术分为沼气技术和乙醇技术,沼气是有机物质在一定温度、湿度、酸碱度和厌氧条件下经各种微生物发酵及分解作用而产生的一种混合可燃气体;乙醇可用作替代汽油的可再生燃料;③利用油料植物所产生的生物油。④其他新技术,主要包括微生物制氢、微生物燃料电池、合成气乙醇发酵、生物丁醇和产油微生物等。

二、生物质能资源

目前可供利用开发的资源主要为生物质废弃物,包括森林能源、农作物秸秆、禽畜粪便、工业有机废弃物和城市固体有机垃圾等。此外,高产能源作物作为现代生物质能资源近年来引起广泛关注,如甜高粱、甘薯、木薯、绿玉树、巨藻等,可为生物质能源产业化提供可靠的资源保障。

(一)森林能源

森林能源是森林生长和林业生产过程提供的生物质能源,主要是薪材,也包括森林工业的一些残留物等。薪材来源于树木生长过程中修剪的枝杈、木材加工的边角余料以及专门提供薪材的薪炭林。

森林能源在我国农村能源中占有重要地位,目前相当一部分的林木剩余物已被利用,主要是用作农民炊事燃料或复合木材制造业等工业原料。由于普通民用炉灶技术较落后,效率较低,污染环境,迫切需求采用高效清洁技术,以提高资源利用率。

(二)农作物秸秆

农作物秸秆是农业生产的副产品,也是我国农村的传统燃料,秸秆资源与农业主要是种植业的生产关系十分密切。农作物秸秆除了作为饲料、工业原料之外,其余大部分还可作为农户炊事、取暖燃料。随着农村经济的发展和生活水平的提高,人们的消费观念、消费方式发生了巨大变化,为追求高质量的生活标准,农民已有条件和能力大量使用商品能源(如煤、液化石油气等)作为炊事用能。以传统方式利用的秸秆首先成为被替代的对象,致使被弃于地头田间直接燃烧的秸秆量逐年增大,既危害环境,又浪费资源。因此,加快秸秆的优质化转换利用势在必行。

农作物秸秆资源量主要取决于农作物产量、收集系数,以及还田、饲料和工业原料用途等消耗量。我国农作物秸秆的最大特点是既分散又集中,特别是一些粮食产区几乎都是秸秆资源最富裕的地区。黑龙江和黄淮海地区的河北、山东、河南,东南地区的江苏、安徽,西南地区的四川、云南、广西、广东等省区,其秸秆资源量几乎占全国总量的一半。

(三)禽畜粪便

禽畜粪便也是一种重要的生物质能源。除在牧区有少量的直接燃烧外,禽畜粪便主要是作为沼气的发酵原料。我国主要的禽畜是鸡、猪和牛,根据这些禽畜品种、体重、粪便排泄量等因素,可以估算出粪便资源量。在粪便资源中,大中型养殖场的粪便更便于集中开发和规模化利用。

(四)工业有机废弃物

工业有机废弃物可分为工业固体有机废弃物和工业有机废水两类。我国工业固体有机废弃物主要来自木材加工厂、造纸厂、糖厂和粮食加工厂等,包括木屑、树皮、蔗渣、谷壳等。工业有机废水资源主要来自食品、发酵、造纸工业等行业。工业废弃物的利用途径有堆肥、焚烧以及厌氧发酵等处理方式,有机废水的处理方式主要为厌氧发酵生产沼气。

(五)生活垃圾

随着城市规模的扩大和城市化进程的加速,我国城镇垃圾的产生量和堆积量逐年增加。城镇生活垃圾主要是由居民生活垃圾,商业、服务业垃圾和少量建筑垃圾等废弃物所构成的混合物,成分比较复杂,其构成主要受居民生活水平、能源结构、城市建设、绿化面积以及季节变化的影响。中国大城市的垃圾构成已呈现向现代化城市过渡的趋势,具有以下特点:一是垃圾中有机物含量接近 1/3,甚至更高;二是食品类废弃物是有机物的主要组成部分;三是易降解有机物含量高。目前我国垃圾无害化的主要处理方式是卫生填埋、堆肥和焚烧,80%以上的城市生活垃圾采用卫生填埋的手段处理。

生活垃圾中的废弃动植物油脂包括:①餐饮、食品加工单位及家庭产生的不允许食用的动植物油脂,主要包括治水油、煎炸废弃油、地沟油和抽油烟机凝析油等;②利用动物屠宰分割和皮革加工修削的废弃物处理提炼的油脂,以及肉类加工过程中产生的非食用油脂;③食用油脂精炼加工过程中产生的脂肪酸、甘油酯及含少量杂质的混合物,主要包括酸化油、脂肪酸、棕榈酸化油、棕榈油脂肪酸、白土油及脱臭馏出物等;④油料加工或油脂储存过程中产生的不符合食用标准的油脂和废弃动植物油脂。因此,规定废弃油脂的回收、加工要求,控制其去向,防止进入食用领域,加以收集并利用废油生产生物柴油、肥皂等,是一种无害化处理、有效利用的最佳途径。

三、国内外生物质能发展

目前,生物质能技术的研究与开发已成为世界重大热门课题之一,受到世界各国政府与科学家的关注。近年来,燃料乙醇、生物柴油、生物质发电及沼气等生物质能产业在世界范围内得到了快速的发展。许多国家都制定了相应的开发研究计划和相关政策,如美国的《生物质技术路线图》《藻类生物燃料技术路线图》等,欧盟委员会提出的生物柴油和燃料乙醇等生物燃料替代计划,日本的阳光计划,印度的绿色能源工程以及巴西的酒精能源计划等,通过寻求有效的方式,降低对国外石油资源的需求。

目前,国外的生物质能技术和装置多已达到商业化应用程度,实现了规模化产业经营。以美国、瑞典和奥地利三国为例,生物质转化为高品位能源利用已具有相当可观的规模,分别占该国一次能源消耗量的4%、16%和10%左右。在2020年上半年,美国新增发电量达到13753MW,其中可再生能源的发电量为7859MW,占比超过57%。而生物质发电已经成为美国可再生能源的重要组成部分,国内拥有的生物质发电技术位居世界领先水平。在燃料乙醇方面,美国已成为仅次于巴西的燃料乙醇大国。

巴西是乙醇燃料开发应用最有特色的国家,实施了世界上规模最大的乙醇开发计划,以甘蔗为原料生产燃料乙醇替代车用汽油,目前乙醇燃料已占该国汽车燃料消费量的50%以上。巴西法律规定,汽油中必须添加25%的乙醇燃料,其国内生产的82%的汽车都采用了混合燃料发动机,可以使用普通汽油,也可以使用乙醇,或者两种燃料的混合物。巴西还集中各方面的科技优势加大力度,加速开发生物柴油,启动了生物柴油计划。

德国是世界上最大的生物柴油生产国,也是欧盟中生物柴油利用最广泛的国家。生物质发电技术的应用主要集中在北欧,丹麦在生物质直燃发电方面成绩显著,丹麦的BWE公司率先研究开发了秸秆生物燃料发电技术,使生物质成为丹麦的重要能源。芬兰生物质能源提供方式以建立燃烧站为主,较小规模的燃烧站仅提供暖气,大型燃烧站则同时提供暖气和电力。瑞典燃用林业生物质采用热电联合装置产热和供电,其联合气化(BIGCC)工艺处于世界领先地位。

我国的生物质能资源丰富,特别是非林木植物生物质资源非常丰富,仅农作物秸秆、蔗渣、芦苇和竹子等生物质总量已超过10亿吨。各类农作物秸秆、薪柴以及城市垃圾等资源量估计每年可达 650 兆吨标准煤以上。更为重要的是,除现有的耕地、林地和草地作为传统农业外,我国尚有大量不适合农耕的土地,可以种植速生林,将产出的木材作生物质原料,既可以取代石油和煤等矿物原料,又能因经济利润推动大规模植树造林。

开发利用生物质能对中国农村更具特殊意义。过去几十年,中国经济得到了前所未有的快速发展,拥有 14 亿多人口(占世界人口 20%)的中国正在由农业国向工业化国家转变,也会面临其他国家工业化过程中曾遇到的经济、环境和社会方面的困难,特别是农村地区的能源安全、环境恶化以及城乡不平等问题。随着农村经济发展和农民生活水平的提高,农村对于优质燃料的需求日益迫切。传统能源利用方式已经难以满足农村现代化需求,生物质能优质化转换利用势在必行。立足于农村现有的生物质资源,研究新型转换技术,不仅能够大大加快村镇居民实现能源现代化的进程和满足农民富裕后对优质能源的迫切需要,同时又可适应减少排放、保护环境、实施可持续发展战略的需要。

我国政府十分重视生物质能源的开发和利用。自 20 世纪 70 年代以来,先后实施了一大批生物质能利用研究项目和示范工程,涌现了一大批优秀的科研成果和应用范例,并在推广应用中取得了可观的社会效益和经济效益。20 世纪 80 年代,生物质能利用技术的研究与应用被列为重点科技攻关项目,尤其以大中型畜禽场沼气工程技术、秸秆气化、集中供气技术和垃圾填埋发电技术等的研究开发更引人注目,从而使生物质能技术有了进一步提高。我国是一个人口大国,又是一个经济迅速发展的国家,21 世纪将面临着经济增长和环境保护的双重压力。因此改变能源生产和消费方式、开发利用生物质能等可再生的清洁能源资源对建立可持续的能源系统、促进国民经济发展和环境保护具有重大意义。

四、我国生物质能源发展战略

我国国家能源战略的一个重点是大力发展可再生能源,大力发展油气替代技术,实现煤、天然气、生物质等合成油气的规模化应用,保障我国中长期能源安全供应,缓解我国油气资源不足的矛盾,并颁布了《可再生能源法》《可再生能源产业发展指导目录》《可再生能源发电价格和费用分摊管理试行办法》以及《关于发展生物能源和生物化工财税扶持政策的实施意见》等法规和配套办法及规章。

我国生物质能的开发利用技术虽起步较晚,但后发力强,研究和技术水平与发达国家相比并不相差多少。若采取高新技术来利用生物质能,并提高其利用率,不仅可以解决农民生活用能问题,还可用作各种动力和车辆的燃料。鉴于生物质转化技术的多样性和复杂性,以我国目前的技术条件和资金投入限制不可能实现各种技术路线齐头并进,而必须根据生物能在不同时期的功能定位,制定近、中、长期目标,明确研究方向,有计划地开展不同层面的研究,在不同阶段形成各有特色的系统性工作。

(一)第一阶段(2010—2015年)

在能源植物育种和栽培方面,进行了高产、抗逆性强、适合我国不同区域种植的能源树种和能源作物的筛选、培育和种植示范。在液体燃料方面,提高了糖分和淀粉转化为燃料乙醇的工业化水平,降低生产成本。解决了纤维素水解和乙醇发酵、水解残渣裂解液化与综合利用的关键技术,完成了生物质气化合成含氧燃料的中试试验等,形成成熟的生物柴油生产技术。在生物质发电技术方面,完成高效、低成本的气化发电技术的工业考验示范,取得生物质燃料发电关键技术和设备的突破,进入工业化应用。实现了生物质发电装机达到3GW,发电240亿度,消耗秸秆24Mt,生物柴油技术5万吨规模的工业性示范,合成燃料技术完成10万吨工业示范,能源植物种植面积超过5万公顷。

(二)第二阶段(2016—2020年)

利用已完成的单项技术研究成果和已成熟的工业化试验结果,建设不同利用模式的现代生物质能源一体化系统的商业化示范工程,并推广应用。突破生物质能供应不稳定和转化工程规模小、效率低的制约,使小规模下生物质洁净转化及高端利用技术的经济性和市场竞争力达到当时常规能源的水平。实现了生物质发电装机达到15GW,发电1200亿度,常规粮食生产燃料乙醇年生产能力达到5Mt,纤维素燃料乙醇和生物质液化技术基本成熟,建设生产能力10万吨以上的商业示范系统3～5个,年生产能力0.5Mt以上,生物柴油年生产能力3Mt以上,合成燃料年生产能力达到1兆吨,能源植物种植面积达到500万公顷。

(三)第三阶段(2021—2030年)

各种生物质能技术全面进入商业化推广应用阶段,实现生物质发电装机达到 150GW,发电 12000 亿度,消耗生物质 1×10^9 t,燃料乙醇生产能力达到 10Mt 以上,至少 50％纤维素原料,生物柴油年生产能力将达到 10 万吨以上,合成燃料年生产能力达到 10Mt,能源植物种植面积达到 5000 万公顷。

我国植物生物质资源十分丰富,为改善生态环境,国务院批准了退耕还林还草还湖等重点工程。在守住"18 亿亩耕地红线"的基础上,严格遵守"不占用耕地,不与粮争地,不与民争粮"的生物质利用基本原则,利用荒山野地种植能源作物,这样既可改善生态环境,又可建立绿色能源工厂,生产能源产品,建立多元化的生物质能洁净转化及高端利用系统。以生物质发电和生物质液体燃料为主要方式,将生物质能源工业与能源农业、能源林业的发展紧密结合起来,使生物质能在 21 世纪中叶得到广泛利用,成为我国多元化能源结构中重要的一元,在促进能源安全、减排二氧化碳和保护生态环境等方面发挥关键作用。

第二节 生物质能的转化技术

开发利用生物质能有利于回收利用有机废弃物、处理废水和治理污染,生物质能中的沼气发酵系统能和农业生产紧密结合,减缓化肥农药带来的种种对环境的不利因素,有效刺激农村经济的发展。生物质能源转换技术包括生物转换、化学转换和直接燃烧 3 种转换技术。生物质能源转换的方式有生物质气化、生物质固化、生物质液化。

一、生物质直接燃烧

生物质燃料通过燃烧将化学能转化为热能,燃烧过程产生热量的多少除与生物质本身的热值有关外,还与燃烧的操作条件和燃烧装置的性能密不可分。

(一)省柴灶的推广

世界上生物质能源的开发利用技术长期以来主要是采用直接燃烧。尽管经过不断的技术改造,利用效率仍很低。而我国是个农业大国,绝大多数人口分布在乡村和小城镇,对生物质能的利用更是如此。旧式传统柴灶的燃烧热效率很低,为 8%～12%。开发研究高效的燃烧炉,提高使用热效率,仍将是应予解决的重要问题。农村省柴节煤炉、灶、炕技术是指针对农村广泛利用柴草、秸秆和煤炭进行直接燃烧的状况,利用燃烧学和热力学的原理,进行科学设计而建造或者制造出的适用于农村炊事、取暖等生活领域的炉、灶和炕等用能设备。推广省柴节煤技术有利于缓解农村炊事用能的紧张状况,提高效率,减少排放,而且卫生、方便、安全。20 世纪 80 年代初期,我国将推广省柴节煤技术列入国民经济发展计划,省柴灶的热效率一般都超过 20%,较旧式灶效率提高了 1 倍,缓解了柴草不足的紧张局面。

省柴灶的外部由预制件制成的灶体、灶面和烟囱构成,其内部自上而下装有用铸铁制成的烟道圈(或环形热水器)、拦火圈、炉芯和炉箅构件,这些铸铁构件与灶体预制件之间填充有保温材料。与老式柴灶相比,省柴灶具有"两小"(灶门和灶膛较小)、"两有"(有灶箅和烟囱)、"一低"(吊火较低)的优点。这种炉灶灶形优良,容易组装成型,因而特别适宜在广大农村推广使用。省柴灶的进一步改进除可获得省柴效果好的特点外,还可以调节火门 V,以达到控制火势的目的。

现阶段,全社会更加关注生物质能的开发与利用,更加注重农村室内空气污染控制,一些科研单位和生产企业开始自发研究生产以农作物秸秆、林业废弃物等为原料的颗粒燃料、块状燃料和棒状燃料等,并研发与之相配套使用的生物质炉具以及炊事取暖用具。在研发推广应用过程中,更加注意了炉具的多功能性(既可炊事、取暖,又可作为烤箱或壁炉等)、自动化控制程度(可以自动显示温度、自动供料)以及装饰美观程度。

(二)高效燃烧技术

高效燃烧技术是高效率、低污染的工艺,其主要过程是将生物质与适量的空气在锅炉中进行高效燃烧,生成的高温烟气与锅炉的热交换器换热,产生高温高压蒸汽并通过蒸汽轮机发电机组发电。典型的发电厂规模一般在兆瓦级到百兆瓦级,甚至上千兆瓦之间,发电效率可达 20%～40%,100MW 以上或与煤混烧时,可达到较高的效率,若采用热电联供系统可以达到更高的能源利用效率。生物质成型技术有利于燃料的储存、运输,也提高了单位体积能量密度,有利于提高炉温,改善燃烧过程。同时,采用加压流化床燃烧技术,也可以提高燃烧效率,减小设备体积。

二、生物质气化技术

生物质气化技术是在高温下将生物质部分氧化、隔绝空气热分解，或者是在超临界水等介质中热分解转化为可燃气体的技术，即通过化学方法将固体的生物质转化为气体燃料。生物质气化主要使用固定床、流化床、移动床、旋转锥等反应器，其操作压力由一般的常压（部分氧化、隔绝空气热分解）到高压（超临界水气化），生物质气化产生的可燃气体可直接通过燃气轮机机组发电，也可进一步转化制氢，为燃料电池提供氢源，或者经净化与重整转化为合成气，采用催化合成工艺生产液体燃料甲醇、二甲醚或烃类液体燃料，替代汽油和柴油。由于气体燃料高效、清洁、方便，因此生物质气化技术的研究和开发得到了国内外广泛重视，并取得了可喜的进展。

生物质气化技术主要有热解气化技术和厌氧发酵生产沼气技术等。其中热解气化技术主要用于生物质发电，沼气生产技术主要用于农村家庭用燃气。热解气化技术在国外大都采用压力和燃烧气化技术，用于驱动燃气轮机，也用于发生炉煤气甲烷化、流化床或固定床热解气化等。我国主要研究开发了流化床、固定床和小型气化炉热解气化技术，可分别处理秸秆、木屑、稻壳、树枝、废木块等生物质，将其转换成气体燃料。

（一）生物质热解综合技术

热解是把生物质转化为有用燃料的基本热化学过程，即在完全缺氧或只提供有限氧和不加催化剂的条件下，把生物质转化为液体（生物油或生物原材料，如乙酸、丙酮、甲醇）、固体（焦炭）和非压缩气体（气态煤气）。生物质热解后，其能量的 $80\%\sim90\%$ 转化为较高品位的燃料，有很高的商业价值。可热解的生物质非常广泛，如农业、林业和加工时废弃的有机物都可作为热解的原料。热解后产生的固体和液体燃料燃烧时不冒黑烟，废气中含硫量低，燃烧残余物很少，因而减少了对环境的污染。如生物质转化成的焦炭具有能量密度高、发烟少的特性，是理想的家用燃料。而分选后的城市垃圾和废水处理生成的污泥经热解后体积大为缩小，在除去臭味、化学污染和病原菌的同时还获得了能源。

热裂解工艺有以下 3 种类型。

（1）慢速热解（烧炭法）。慢速热解也称为木材干馏或炭化，主要用于木炭的烧制。低温干馏的加热温度为 $500℃\sim580℃$，中温干馏温度为 $660℃$

～750℃,高温干馏温度为 900℃～1100℃。将木材放在窑内,在隔绝空气的情况下加热,可得到占原料质量 30％～35％ 的木炭。

(2)常规热解。将生物质原料放在常规的热解装置中,经过几个小时的热解,得到占原料质量 20％～25％ 的生物炭及 10％～20％ 的生物油。

(3)快速热解。将磨细的生物质原料放在快速热解装置中,严格控制加热速率和反应温度,使生物质裂解成小分子化合物,之后再聚合成油类化合物,冷凝后即为生物质原油。热解产物的生物油一般可达原料质量的 40％～60％。所获得的生物质原油可直接用作燃油,也可进一步精炼出更好的液体燃料或化工产品。快速热解过程需要的热量可以用热解产生的部分气体作为热源供应。

另外,国内外正在研究"闪激加热"热解气化技术,加热速率越高,热解所获得的气态和液态的燃料产品率越高。

(二)气化

气化也是裂解的一种,主要是为了在高温下获得最佳产率的气体。产生的气体主要含有一氧化碳、氢气和甲烷,以及少量的二氧化碳与氮气。产生的气体比生物质原材料易挥发,可以作为燃气使用。气化过程与常见的燃烧过程的区别在于燃烧过程中供给充足的氧气,使原料充分燃烧,目的是直接获取热量,燃烧后的产物是二氧化碳和水蒸气等不可再燃烧的烟气;气化过程只供给热化学反应所需的那部分氧气,尽可能将能量保留在反应后得到的可燃气体中,气化后的产物是含氢、一氧化碳和低分子烃类的可燃气体。

气化装置简称气化炉,不同的反应条件产生不同的气化反应,植物生物质能的气化装置按运行方式不同,可以分为固定床气化炉、流化床气化炉和旋转床气化炉 3 种类型。不同气化炉的反应过程也有差异,以上吸式气化炉为例,气化反应可分为氧化层、还原层、裂解层和干燥层。各层的反应简介如下:

(1)氧化反应。生物质在氧化层中的主要反应为氧化反应,气化剂由炉栅的下部导入,经灰渣层吸热后进入氧化层,在这里同高温的碳发生燃烧反应,生成大量的二氧化碳,同时放出热量,温度可达 1000℃～1300℃。由于是限氧燃烧,因此,不完全燃烧反应同时发生。

在氧化层进行的燃烧均为放热反应,这部分反应热为还原层的还原反应、物料的裂解及干燥提供了热源。

（2）还原反应。在氧化层中生成的二氧化碳和碳与水蒸气发生还原反应，生成一氧化碳和氢气。由于还原反应是吸热反应，还原区的温度也相应降低，温度为700℃～900℃，还原层的主要产物为一氧化碳、二氧化碳和氢气。

（3）裂解反应区。氧化区及还原区生成的热气体在上行过程中经裂解区，将生物质加热，使在裂解区的生物质进行裂解反应。在裂解反应中，生物质中大部分的挥发性组分从固体中分离出去，该区的温度为400℃～600℃。裂解区的主要产物是炭、挥发性气体、焦油及水蒸气。

（4）干燥区。经氧化层、还原层及裂解反应区的气体产物上升至该区，加热生物质原料，使原料中的水分蒸发，吸收热量，并降低产气温度，气化炉出口温度一般为100℃～300℃。

氧化区及还原区总称气化区，气化反应主要在这里进行。裂解区和干燥区总称为燃料准备区。

上吸式气化炉的特点是气体与固体呈逆向流动。在其运行过程中，湿的植物生物质原料从气化炉的顶部加入，被上升的热气流干燥而将水蒸气排出，干燥的原料下降时被热气流加热并分解，释放挥发组分，剩余的炭继续下降，与上升的二氧化碳（g）及水（g）反应，二氧化碳及水等被还原为一氧化碳及氢气等，余下的炭被从底部进入的空气氧化，放出燃烧热为整个气化过程提供（热）能量。上吸式气化炉的主要优点是：碳转化率可高达99.5%，几乎无可燃性固体剩余物，炉结构简单，炉内阻力小，加工制造容易。

下吸式气化炉的特点是气体与固体顺向流动。植物生物质原料由气化炉的上部储料仓向下移动，在此过程中完成植物生物质的干燥和热分解（气化）。该气化炉的优点是：能将植物生物质在气化过程中产生的焦油裂解，以减少气体中的焦油含量，同时还能使植物生物质中的水参加还原反应，提高气体产物中氢气的体积分数。

在发电规模较大的情况下，气化炉一般采用流化床炉型。它有一个热砂床，燃烧与气化都在热砂床上发生。木片、刨花等生物质原料放入燃料进料仓，经过处理系统除去金属杂质及太大的燃料，然后将一定颗粒状固体燃料送入气化炉，在吹入的气化剂作用下使物料颗粒、砂子、气化介质充分接触，受热均匀。燃料转化为气体，在炉内呈沸腾状态，并与蒸气一起进入旋风分离器，以获得燃料气。燃料气通过净化系统去燃料锅炉或汽轮机发电。

由于循环流化床气化炉的流速较高,产出气中一般含有大量的固体颗粒,在经过旋风分离器或滤袋分离器后,将未燃尽的木炭和冷却的砂子再返回燃烧室,通过添加助燃空气进一步燃烧,这样就提高了碳的转化率。而热砂通过旋风分离器重新返回气化炉,保证了气化炉的热源。循环流化床气化炉的反应温度一般控制在 700℃~900℃。

循环流化床气化炉最大的特点是植物生物质能的各气化过程(燃烧、还原、热分解)非常分明。其中热分解是植物生物质能气化过程中最重要的一个反应过程,大约有 70%~75% 的植物生物质在热分解过程中转化为气体燃料,剩余的 25%~30% 主要是炭。15% 左右的炭在燃烧过程中被氧化,放出的燃烧热作为植物生物质气化所需的主要(热)能源。10% 左右的炭则在还原(生成氢气)的过程中被气化。在燃烧、还原和热分解这三个反应中,热分解反应发生得最快,燃烧反应次之,还原反应则需要较长时间才能完成。循环流化床气化炉的优点是:实现了快速加热、快速分解及炭的长时间停留,气化反应速率快,产气率和气体热值都很高,是目前最理想的植物生物质能气化装置,也是今后植物生物质能气化技术研究的方向。

将生物质固体原料置于高温、高压环境,通过热分解和化学反应将其转化为气体燃料和化学原料气体(合成气)等气态物质的过程称为加压气化。加压气化与常压气化的原理相同,可以使气化炉设计小型化。多数加压气化采取在 0.5~2.5MPa 的加压状态下通过部分氧化直接气化的方式。

生物质气化产出物除可燃气外,还有灰分、水分及焦油等物质。在反应过程中,大部分灰分由炉栅落入灰室,可燃气中的灰分经旋风分离器或袋式分离器被分离出一部分,余下的细小灰尘在处理焦油的过程中被除掉。将收集到的灰分进一步处理,可加工成耐温材料,或提取高纯度的二氧化碳,也可用作肥料。

可燃气中还含有一定量的水蒸气,水蒸气遇冷将凝结成水。因此,在可燃气输送管网中,每隔一定距离要设一个集水井,以便将冷凝水排出。

(三)生物化学法生产沼气

沼气是各种有机物质在适宜的温度、湿度并隔绝空气(还原条件)下经过微生物(甲烷细菌和酵母菌)的发酵作用产生的一种可燃烧气体。沼气的主要成分是甲烷,约占所产生的各种气体的 60%~80%。甲烷是一种理想的气体燃料,它无色无味,与适量空气混合后即可燃烧。甲烷的发热量为 $34000J/m^3$,沼气的发热量为 $20800~23600J/m^3$。$1m^3$ 沼气完全燃烧能产生相当于 0.7kg 无烟煤提供的热量。沼气是 1776 年由意大利物理学家 A·沃尔塔在沼泽中发现的。1781 年法国人 L·穆拉根据沼气产生的原理,将简易沉淀池改造成世界上第一个沼气发生器。

沼气生产主要利用厌氧菌消化的生物化学方法,也称沼气发酵,是将畜禽粪便、高浓度有机废水、生活垃圾等在厌氧条件下分解,通过沼气菌发酵生成以甲烷为主的沼气。在厌氧发酵过程中,有机质被完全降解成甲烷与二氧化碳,有机质含有的能量有 90% 可转移到甲烷中。

通常,消化过程分 3 个阶段发生:水解、酸化和甲烷化。在水解过程中,细菌将原料(通常是不溶解的有机化合物和聚合物)通过酶法转化为可溶解的有机物,例如分解为淀粉和纤维素等有机分子,然后将转化成的产物(如碳水化合物、蛋白质、脂肪类、醇等)发酵为有机酸(如乙酸),所有这些反应可在 1 天左右的时间内完成。如果酸被中和或稀释(可简单地通过添加更多的原料),则接着进行甲烷化过程,由有机酸发酵产生甲烷。一旦甲烷化细菌开始起作用,甲烷生产全过程会在 3～4 个星期内完成,这取决于分解池中的温度。在甲烷化阶段,消化池每天产生的气体体积大致相当于消化池的体积,可满足一个家庭的需要。

典型的消化池在结构上十分简单,由一个消化室、一个固体物进口和出口、一个混合搅拌器和一个气体输出室组成。消化室可以是一个铁桶,或者是在地下简单地由砖或石头砌成的坑。进出口是为了连续生产而设计的,搅拌装置可以是旋转叶片或螺旋机械的形式。大多数的气体出口都是一个很重的金属罩,用来收集浆液上部的生物质气体,并保持一定的气体压力,使之通过气体输出管道排出。

三、生物质液化技术

将生物质转化为液体燃料使用是有效利用生物质能的最佳途径。生物质液化是以生物质为原料制取液体燃料的生产过程。其转换方法可分为热化法(气化、高温分解、液化)、生化法(水解、发酵)、机械法(压榨、提取)和化学法(甲醇合成、脂化)。生物质液化的主要产品是醇类和生物柴油。醇类是含氧的烃类化合物,常用的是甲醇和乙醇(酒精)。生物柴油是动植物油脂加定量的醇,在催化剂作用下经化学反应生成的性质近似柴油的酯化燃料。生物柴油可代替柴油直接用于柴油发动机上,也可与柴油掺混使用。

（一）生物质热解液化

生物质热解液化是生物质在完全缺氧或有限氧供给的条件下热解生成生物质油、生物气和生物炭的过程。液体产物生物质油容易储存、运输和处理，有望替代部分液体燃料或作为化工原料，因而越来越得到各国研究机构的重视。

生物质热解液化主要包括快速热解液化和加压液化。快速热解液化是在超快的加热速率、超短的产物停留时间及适中的裂解温度下，使生物质中的有机高聚物分子在隔绝空气的环境中迅速断裂为短链分子，最大限度地获得液体产品。这种液体产品称为生物质油，为棕黑色黏性液体，热值达20～22MJ/kg，可直接作为燃料使用，也可经精制成为化石燃料的替代物。生物质快速热解的最大优点在于它具有很高的生物油收率，与原生物质比较，具有较高的体积能量密度。在生物质快速裂解技术中，循环流化床工艺使用最多，取得的液体产率最高。该工艺具有很高的加热和传热速率，且处理量可以达到较高的规模。热等离子体快速热解液化是最近出现的生物质液化新方法，它采用热等离子体加热生物质颗粒，使其快速升温，然后迅速分离、冷凝，得到液体产物。

生物质加压液化也称为PERC工艺，是在较高压力下的热转化过程，温度一般低于快速热解。该法始于20世纪60年代，将木片、木屑放入碳酸钠溶液中，用一氧化碳加压至28MPa，使原料在350℃反应，可以得到40%～50%的液体产物。近年来，人们不断尝试采用氢气加压，使用溶剂（如四氢萘、醇、酮等）及催化剂（如Co-Mo、Ni-Mo系加氢催化剂）等手段，使液体产率大幅度提高，甚至可以达80%以上，液体产物的高位热值达25～30MJ/kg，明显高于快速热解液化。

超临界液化是利用超临界流体良好的渗透能力、热解能力和传递特性而进行的生物质液化。和快速热解液化相比，目前加压液化还处于实验室阶段，但由于其反应条件相对温和，对设备要求不很苛刻，在规模化上很有潜力。

生物质油组成十分复杂，是水、焦及含氧有机化合物（如羧酸、醇、烃、酚类）等组成的不稳定混合物，水分含量和氧含量高、热值和挥发性低、具有酸性和腐蚀性，不能直接作为交通燃料使用。因此，生物质油需要经过精制加工后才可以替代石油燃料使用，目前采用的精制提质方法主要有乳化技术、加氢脱氧及催化裂解3种，但改质提升方法成本较高、实用性较差，加氢脱氧及催化裂解用的高效催化剂还处于探索阶段,必须加强相关的基础研究,探索生物质油改质的新方法。

(二)生物质间接液化

生物质间接液化是以费-托(F-T)合成反应为基础生产生物质液体燃料。生物质气化产生的燃气通过 F-T 合成,制备烷烃(如作柴油发动机燃料的生物柴油)及含氧化合物(如甲醇、二甲醚等替代燃料)。合成燃料产品纯度较高,几乎不含硫、氮等杂质。系统能源转换效率可达 40%～50%,而且原料丰富,草和树的各个部分,如秸秆、树叶和果实等均可被利用,生物质间接液化合成含氧燃料甲醇和二甲醚已引起广泛关注。

美国、欧盟和日本等国政府对生物质液体技术的开发和推广方面给予了有力的支持,众多跨国公司和研究机构进行了生物质气化合成醇醚及烃类液体燃料技术的研究开发,并建立了示范装置,如美国的 Hynol Process 工程、美国可再生能源实验室的生物质-甲醇项目,瑞典的 BAL-Fnels Project 和 BioMeet-Project 及日本三菱重工的生物质气化合成甲醇系统等,其中德国 Choren 公司和瑞典 Chemrec 公司成功开发了生物质间接液化合成燃料生产技术,并建立了商业示范工厂。Chemrec 公司将气化技术与生产燃料的先进技术相结合,利用森林采伐残留物作为原料生产生物甲醇和生物二甲醚。Choren 公司是世界上生物质合成柴油和煤间接转化合成油生产领域的先驱者,其开发的合成柴油生产技术已完成年产万吨级工业示范,开始建设十万吨级商业示范装置,具有相当的市场竞争力和发展前景。

我国在生物质间接液化合成燃料技术的研究尚处于起步阶段,有关科研单位正在开展千吨级的中试研究,主要涉及利用农林废弃物生产二甲酰、合成柴油和混合醇燃料等,为开展工业装置和系统研究提供前期基础。

(三)燃料醇类技术

人类在很久以前就掌握了以粮食作为原材料通过发酵的方法酿酒的技术,并由此诞生了人类文明的重要组成部分——酒文化。酿酒是一个典型的生物转化过程,其主要过程是 α1,4-链接的葡萄糖淀粉链在酿酒酵母的作用下降解转化为酒精的过程。

甲醇可用木质纤维素经蒸馏获得。也可通过调节生物质气化产物一氧化碳与氢气的比例为 1:2,再通过催化反应合成甲醇。用合成法,每吨木材可产出 100gal(US 1gal≈3.79L)甲醇,成本大大低于目前的市场价,不仅满足了可持续发展的要求,还有极大的商业利润,很可能被广泛使用。生产甲醇的原料比较便宜,但设备投资较大。

乙醇可由生物质热解产物乙烷与乙烯合成制取,但能耗太高,而采用生物质经糖化发酵制取方法较经济可行。生物质乙醇技术是指利用微生物将生物质转化为乙醇的技术,按原料来源可分为糖类、淀粉类和木质纤维素等。糖类和淀粉类原料生产乙醇的技术已经非常成熟。目前,我国批准建设了吉林燃料乙醇、黑龙江华润酒精、河南天冠燃料乙醇和安徽丰原燃料乙醇4家定点生产厂,4家企业以玉米和小麦陈化粮为主要原料。一般情况下,乙醇生产成本的60%以上为原料所占。对中国这样人口众多的发展中大国来说,全面解决全体人民的吃饭和提高饮食质量问题已属不易。从长远看,用淀粉和糖类大规模生产燃料和化工产品来解决资源和能源问题是不太现实的。因为用粮食做原料成本太高,人们开始研究使用非粮食类生物质。

目前,国际上已开发出两类用非粮食类生物质中的木质纤维素制乙醇和甲醇的新工艺,一类是生物技术(发酵法);另一类是热化学方法,即在一定温度、压力和时间控制条件下将生物质转化为气态和液体燃料。

发酵法是将纤维素分解为可发酵糖的方法,即在酸催化剂或特殊的酶作用下进行水解。木质纤维素类生物质结构复杂,纤维素、半纤维素和木质素互相缠绕,难以水解为可发酵糖。为了使木质纤维素更易于分解,需要采取一些预处理措施,如机械粉碎(切碎、碾碎或磨细)、爆发性减压技术、高压热水、低温浓酸(或碱)催化的蒸汽水解及使用非离子表面活性剂等。在发酵纤维素时需要重点考虑实现纤维素和半纤维素成分的同时水解。纤维素是葡萄糖的聚合体,可以被水解为葡萄糖(六碳糖,一种可发酵的糖类),而半纤维素是其他几种糖类(主要是戊醛糖)的聚合体,这使得其水解的主要产物也是戊醛糖(五碳糖,主要是木糖和少量阿拉伯糖)。但戊醛糖较难发酵,必须使用催化剂,开发专门发酵五碳糖生产乙醇的菌种和发酵新工艺。因此,戊醛糖的高效率发酵转化是实现生物质转化工艺实用化的一个技术关键。许多研究机构都开展了利用代谢过程构建高效木糖发酵菌的研究,并为植物纤维转化为乙醇工艺的实际应用提供了可能。

美国国家可再生能源实验室通过转基因技术获得能发酵五碳糖的酵母菌种,开发了同时糖化发酵工艺,并建成具有一定规模的中试工厂。英国研究小组研究出了一种用稻草生产乙醇的技术。他们用一种叫作嗜热脂肪芽孢杆菌的细菌使稻草分解变为乙醇。嗜热脂肪芽孢杆菌在把纤维素和半纤维素转化为乙醇的同时还产生热量,使发酵的秸秆维持在 70℃ 左右。在这个温度产生的乙醇可以挥发,因而只需一个简单的低真空装置就可以把产物分离出来。

目前,国际上大规模产业化的生物乙醇产业主要有三种模式:以玉米为主要原料的美国模式、以蔗糖为主要原料的巴西模式和以木薯为主要原料的泰国模式。虽然到目前为止,木质纤维素生产燃料乙醇还没有到商业化生产,但从长远考虑,以木质纤维素废弃物替代粮食生产燃料乙醇并实现规模化生产成为燃料乙醇生产的必然发展趋势。

自然界存在许多微生物,包括微藻、真菌和细菌,可以在光合作用和发酵过程中生产醇类燃料,一般认为,藻类光合作用转化效率可达 10% 以上,通过微生物转化生产乙醇,可以达到高效率、低成本、规模化的目的。粮食乙醇、纤维素乙醇等生物质能源所需的农作物生产周期一般是一年一季,木本植物生长周期则更长。因此,几小时即可繁殖一代的海水光合细菌蓝藻作为第三代先进生物能源的重要组成,引起了各国的广泛关注,油脂生产潜力巨大。蓝藻生产醇类燃料可以实现完全的光合自养培养,不需要添加糖类等有机物,可以实现在微藻细胞内直接对固定的二氧化碳进行产品转化,醇类产物直接扩散到细胞外,避免了收集、破碎细胞,提取目标产物等复杂的生产工艺。

国内外许多科学家在发现新的藻种、研制"工程微藻"方面进行了积极探索,希望能实现规模化养殖,从而降低成本。目前,已得到在细胞内直接将固定的二氧化碳转化为乙醇的蓝藻菌株,这为开发固定二氧化碳的大宗产品生产菌株、获取油脂资源提供了新的途径。

我国藻类微生物等资源的开发利用技术尚处于实验室研究阶段,但作为淡水资源匮乏、可耕种土地有限的大国,开展海水蓝藻产醇类燃料的研究与开发是实现持续稳定发展的重要途径之一。提高产量、降低生产成本是目前海水蓝藻生产醇类生物燃料面临的主要问题。

(四)生物柴油技术

生物柴油这一构想最早由德国工程师 Rudolf Diesel 于 1895 年提出,并在 1900 年巴黎博览会上展示了使用花生油作燃料的发动机。但生物柴油较系统的研究工作是从 20 世纪 70 年代开始的,美国、英国、德国、意大利等许多国家相继投入大量的人力、物力进行研究。1983 年美国科学家首先将亚麻籽油的甲酯用于发动机,燃烧了 1000h,并将可再生的脂肪酸单酯定义为生物柴油。1984年美国和德国等国的科学家研究了采用脂肪酸甲酯或脂肪酸乙酯代替柴油作燃料燃烧。

生物柴油是以菜籽油、棕榈油等植物或动物的油脂、废弃的食用油等做原料,在酸性、碱性催化剂或生物酶的作用下,与甲醇或乙醇等低碳醇进行转酯化反应,生成相应的脂肪酸甲酯或脂肪酸乙酯,并产生副产品甘油。制造生物柴油的原料多种多样,既可以用各种废弃的动植物油,如地沟油、工业废油等,也可以用含油量高的油料植物,如油茶籽、大豆、小桐子树、黄连木等。生物柴油是一种清洁可再生资源,具有高十六烷值,不含硫和芳烃,较好的发动机低温启动性能以及燃烧性能优于普通柴油等优点。生物柴油作为重要的柴油替代品,已成为新能源开发的重要途径之一。

生物柴油的发展经历了以脂肪酸甲酯为代表组分的第一代生物柴油、动植物油脂深度加氢工艺制备的第二代生物柴油以及以微藻油脂为原料的第三代生物柴油的三个阶段。

第一代生物柴油产品以脂肪酸甲酯组分为代表,生产方法可以分为物理法和化学法两类。物理法包括直接混合法与微乳液法;化学法包括裂解法和酯交换法。物理法操作简单,但产品的物理性能和燃烧性能都不能满足柴油的燃料标准。化学法中的裂解法能使产品黏度降低,但仍不能符合要求。酯交换化法是将动植物油脂的基本组分甘油三酯与甲醇或乙醇等低碳醇进行反应合成长链脂肪酸酯,再经洗涤干燥即得生物柴油。根据生物柴油生产的技术路线,酯交换法可分为酸碱催化法、生物酶法和超临界法等。酸碱催化法工艺简单、反应速率快,但设备利用率低、原料适应性差,能耗和成本较高。生物酶法是在脂肪酶的催化下实现酯交换反应,工艺条件温和、醇用量小、无污染排放,对原料无选择性,醇用量适中,但脂肪酶价格高,容易失活,反应时间较长。在超临界状态下,甘油酯能够完全溶于甲醇中,形成单相反应体系,酯交换反应速率快,脂肪酸甲酯总收率提高,但对原料油品的要求较高、反应条件较为苛刻。甘油副产品的存在也加大了产品分离与提纯难度,增加了生产成本。

第一代生物柴油在生产过程中会产生大量的含酸、碱、油的工业废水,产品是混合脂肪酸甲酯,含氧量高,热值相对比较低,其组分化学结构与柴油存在明显的不同。于是,人们将注意力转移到改变油脂的分子结构,使其转变成脂肪烃类,通过催化加氢过程合成生物柴油的技术路线,即动植物油脂通过加氢脱氧、异构化等反应得到与柴油组分相同的异构烷烃,形成了第二代生物柴油制备技术。目前,第二代生物柴油的生产工艺有油脂直接加氢脱氧、加氢脱氧再异构、石化柴油掺炼等。

油脂直接加氢脱氧工艺是在高温高压下油脂的深度加氢过程，羧基中的氧原子和氢结合成水分子，而自身还原成烃。研究人员以葵花油、菜籽油、棕榈油等为原料，采用经硫化处理的负载型 Co-Mo 系催化剂或 Ni-Mo 系催化剂，对不同植物油加氢过程的操作条件进行了研究，提出了植物油加氢脱氧制备生物柴油的工艺。该工艺简单，产物具有很高的十六烷值，但得到的柴油组分中主要是长链的正构烷烃，使得产品的浊点较高、低温流动性差，在高纬度地区受到抑制。加氢脱氧异构工艺是对直接脱氧工艺的改进，目的是增加柴油中支链烷烃的含量，从而提高产品的低温使用性能。该工艺是以动植物油脂为原料，经过加氢脱氧和临氢异构化两步法制备生物柴油。由此得到的生物柴油具有较低的密度和黏度，同样质量单位的发热值更高，不含氧和硫。油脂与石化柴油掺炼工艺是在炼油厂现有的柴油加氢精制装置基础上，通过在柴油精制进料中加入部分动植物油脂进行掺炼，提高柴油产品的收率和质量，改善产品的十六烷值。所掺炼的油脂可以是豆油、蓖麻油、棕榈油和花生油等，以蓖麻油为最好。反应催化剂可选择 Ni-Mo/Al$_2$O$_3$ 或 Co-Mo/Al$_2$O$_3$。得到的柴油产物比纯的石化柴油密度低，十六烷值更高，还可以节省油脂加氢装置的投资，是一种简单而又经济的技术路线。

与第二代生物柴油相比，第三代生物柴油主要是拓展了原料的选择范围，使可选择的原料从棕榈油、豆油和菜籽油等油脂拓展到高纤维素含量的非油脂类生物质和微生物油脂。目前主要包括两种技术：一种是以生物质原料通过气化合成生产柴油，即生物质间接液化制取生物柴油。另一种是以微生物油脂生产柴油。

许多微生物，如酵母、霉菌和藻类等，在一定条件下能将烃类化合物转化为油脂储存在菌体内，称为微生物油脂。一些产油酵母菌能高效利用木质纤维素水解得到的各种烃类化合物，包括五碳糖、六碳糖，生产油脂并储存在菌体内，油脂含量达 70% 以上。和当前乙醇发酵主要利用淀粉类和纤维素水解的六碳糖相比，微生物油脂发酵具有较明显的原材料资源优势。近年来生物技术的飞速发展使木质纤维素降解技术不断取得突破，为合理利用微生物资源奠定了良好的基础，加速了微生物油脂规模化生产进程。含油藻类也是潜在的油脂生产者，其储存的化学能以油类（如中性脂质或甘油三酸酯）形式存在，制油的原理是利用微藻光合作用，将化工生产过程中产生的二氧化碳转化为微藻自身的生物质，从而固定碳元素，再通过诱导反应使微藻自身的碳物质转化为油脂,然后利用物理或化学方法把微藻细胞内的油脂转化到细胞外,提取出的微生物油脂经过水化脱胶、碱炼、活性白土脱色和蒸汽脱臭等工序进行精炼,可得到品质较高的微生物油脂。微生物油脂再进行提炼加工生产出生物柴油。该技术的核心步骤是菌种选育和反应器等工艺的开发,以及培养和萃取微生物油脂技术等。

我国生物柴油生产规模较小,生产技术基本上采用传统的化学酸/碱法。因此,要加强整治和管理,理顺餐厨垃圾回收环节,同时开发经济、高效、高值、清洁生产技术。

自20世纪80年代以来,许多国家进行了能源植物种的选择、高含油种的引种栽培、遗传改良以及建立"柴油林场"等方面的工作。以非农耕土地选育和种植麻风树、黄连木等野生油料植物已受到广泛重视和推广,而来源于微生物和藻类油脂的生物柴油和乙醇技术研究也成为国际上生物能源科技发展的新趋势和热点。

四、生物质固化技术

生物质固化成型技术是将具有一定粒度的生物质原料(如秸秆、果壳、木屑、稻草等)经过粉碎,放入挤压成型机中,在一定压力和温度下将其挤压制成棒状、块状或粒状等各种成型燃料的加工工艺。生物质热压致密成型主要是利用木质素的胶黏作用。木质素在植物组织中有增强细胞壁和黏结纤维的功能,属非晶体,有软化点,当温度达到70℃~110℃时黏结力开始增加,在200℃~300℃时则发生软化、液化。此时如再加以一定的压力,并维持一定的热压滞留时间,待其冷却后即可固化成型。另外,粉碎的生物质颗粒互相交织,也增加了成型强度。广义上,生物质致密成型工艺可划分为常温压缩成型、热压成型和碳化成型3种主要形式。其中热压成型的工艺流程为:原料→粉碎→干燥→混合→挤压成型→冷却→包装;碳化成型的工艺流程为:原料→粉碎除杂→碳化→混合黏结剂→挤压成型→产品干燥→包装。用于生物质成型的设备主要有螺旋挤压式、活塞冲压式和环模滚压式等几种类型。目前,国内生产的生物质成型机一般为螺旋挤压式。曲柄活塞冲压机通常不用电加热,成型物密度稍低,容易松散。环模滚压成型方式生产的是颗粒燃料,该机型主要用于大型木材加工厂木屑加工或造纸厂秸秆碎屑的加工,粒状成型燃料主要用作锅炉燃料。

原料经挤压成型后,体积缩小,密度可达$1.1\sim1.4g/cm^3$,含水率在

12％以下,热值约 16MJ/kg。成型燃料热性能优于木材,能量密度与中质煤相当,燃烧特性明显改善,而且点火容易,火力持久,黑烟小,炉膛温度高,并便于运输和贮存。生物质压制成型技术把农、林业中的废弃物转化成能源,使资源得到综合利用,并减少了对环境的污染。成型燃料可作为生物质气化炉、高效燃烧炉和小型锅炉的燃料。但是生物质压实技术需要附属的生物质压实设备,尤其是生物质高压成型设备及制作生物质焦炭的设备价格昂贵,这无疑增加了成本,限制了生物质的利用。

利用生物质炭化炉可以将成型生物质块进一步炭化,生产生物炭。由于在隔绝空气条件下,生物质被高温分解,生成燃气、焦油和炭,其中的燃气和焦油又从炭化炉中释放出去,最后得到的生物炭燃烧效果显著改善,烟气中的污染物含量明显降低,是一种高品位的民用燃料。优质的生物炭还可以作为冶金、化工等行业的还原剂、添加剂等。把松散的农林剩余物进行粉碎分级处理后,加工成型为定型的燃料,在我国将会有较大的市场前景。而把专用技术和设备的开发相结合,并推广家庭和暖房取暖用颗粒成型燃料的应用,将会是生物质成型燃料研究开发的热点。

第三节　生物质能的发电技术

一、"绿色燃油"作物

受有限耕地和粮食供应的制约,原料资源供应不足是长期制约生物质能产业发展的瓶颈问题。生物质原料的稳定供应有赖于对高效能源植物(包括藻类、微生物等)的认知、优良品种的培育。

人类在长期的生产实践中发现,众多植物在阳光照射下在将吸收的水分和二氧化碳等无机物转化为碳水化合物时,还能产生同石油相似的烃类化合物。只要对这些烃类化合物进行简单加工便可提取到各种植物油,有的还可代替柴油做燃料。能产生燃料油的作物称为"绿色燃油"作物,包括速生的草本植物和树木以及水生植物等。

南美洲亚马孙河流域热带森林中的苦配巴树、三角大戟、牛奶树等都是能提炼石油的树种。在苦配巴树上钻孔,其流出的液体可用作柴油,每株苦配巴树每年可产石油 20kg。巴西的一种橡胶树半年之内每棵树可分泌出

20～30kg 胶汁,不必提炼即可作燃料。美国有一种香槐树,长成后可像割橡胶一样从树的表皮取出一种白色乳汁,只需稍加提炼便可获得类似石油的液体,代替石油燃料。生长于我国海南省的油楠树可谓是产油树之冠,每株最多可年产 50kg,经加工可用于柴油机。能提炼石油的植物还有我国陕西的白乳木、云南西双版纳的揭部里香,澳大利亚的桉树的枝及叶、牛角爪等种类。目前,已发现能生成石油的植物达 40 余种。

一般而论,1t 油菜籽可制取约 160kg 生物柴油,同时副产 160kg 甘油。经测试,该生物柴油作为燃料油的功效和油耗与从石油中提炼的柴油相比基本相当。因此,制取生物柴油与精制甘油工艺联产,将能取得较为理想的经济效益。马来西亚是生产棕榈油最多的国家,年产量可达数百万吨。这些棕榈油稍经加工就可作燃料油。东南亚地区的汉加树和我国南方的乌桕树的果实均可榨油,汉加树每株每年可获 5kg 石油。由于绝大多数油料作物都有非常强的适应性和耐寒性,种植技术简单,植物油储存和使用安全,所以世界很多国家都将种植转基因向日葵、油菜和大豆来生产植物油作为近期利用的能源作物的目标。

美国加州农场发现的野生黄鼠草富含烃类化合物,每公顷可提炼出 1t 石油,而人工种植时产油可达 6t。一种能适应沙漠恶劣环境的名叫霍霍巴的灌木植物,其果实含有 50%～60% 油性的乳汁,经过提炼可做润滑油。原产我国及东南亚国家的芒草类植物已被欧洲、美国、日本等地作为能源植物加以研究、试验和开发利用,日本专家利用芒草类植物提炼"生物石油",每公顷平均每年可收获、提炼 12t 生物石油。欧洲各国如英国、德国等从中国和日本引入芒草的多个品系,并将大规模种植芒草类植物。美国农业部已把野生植物中寻找新的工业油料作物列为一项长期研究计划。

水生植物作为生物质能原料的应用已日益引起广泛注意。水生植物分布广泛,多利用淡水湖泊、河道等富营养污水水域进行生长,不占用耕地,耐受污水能力强,繁殖速度快,利用光合作用吸收二氧化碳并累积淀粉含量,有利于低碳能源经济的发展,形成治理环境和能源回收再利用相结合的良性循环。

在我国长江流域和华南各地,生长着一种叶柄膨大呈葫芦状的水生植物——水葫芦,即凤眼莲,它来自南美委内瑞拉西部沼泽地,是外来有害生物之一。20 世纪初,水葫芦被作为观赏植物引入中国,20 世纪五六十年代被作为猪饲料推广,之后在中国便一发不可收拾。水葫芦具有令人称奇的繁殖速度,在温度、水质等适宜的条件下,一株水葫芦在 8 个月内竟能繁殖到 6 万株,可以覆盖 0.8 亩(1 亩＝667m^2)水面。虽说水葫芦本身有很强的净化污水能力,但大量的水葫芦覆盖河面容易造成水质恶化,影响水底生物的生长。水葫芦繁殖速度极快,生长时会消耗大量溶解氧,几乎成了"污染"的代名词。滇池、太湖、黄浦江及武汉东湖等著名水体均出现过水葫芦泛滥成灾的情况,耗费巨资也无法根治。

"绿色能源"的利用使水葫芦再次成为焦点。水葫芦是一种良好的沼气发酵原料,1hm^2 水面的水葫芦,每天能生产 1.8t 干物质,通过微生物的厌氧发酵,能产生 660m^3 的沼气,相当于 250kg 的原油。而且,枯萎的水葫芦有望炼制成生物柴油。用水葫芦制取氢气和沼气、燃料乙醇和生物柴油,可以实现水葫芦的能源化利用和发展清洁可再生的生物新能源。

早在 20 世纪初,柴油机的发明者狄塞尔就在他发明的柴油机上试验过以各种植物油作燃料。后来,由于中东的廉价石油流入国际市场,"绿色的油库"曾一度被人们遗忘。1973 年,中东爆发石油危机,油价猛涨,一些国家又开始重视植物油的研究和开发利用。诺贝尔奖得主美国的卡尔文教授早在 1984 年就开发出首个人工石油种植场,而且得到每公顷 120～140 桶石油的收成。他的成就推动了全球石油植物的研究。石油植物的开发为人类解决石油危机找到了希望,是解决未来能源新的有效途径之一。可以预计,随着石油资源的消耗及石油产量的下降,人类在开发其他新能源的同时,终将打开"绿色的油库",人工种植的石油将作为重要能源的一部分供应人类社会,满足社会对液态燃料日益增多的需求——未来将是石油植物大展宏图的时代。

二、生物质发电

生物质发电技术总体上是技术最成熟、发展规模最大的现代生物质能利用技术,主要包括生物质直接燃烧发电、生物质气化发电、与煤等化石燃料混合燃烧发电 3 种技术路线。

生物质直接燃烧发电是指利用生物质燃烧后的热能转化为蒸汽进行发电,在原理上,与燃煤火力发电没有什么区别。从原料上区分,生物质直接燃烧发电主要包括生物质(如农林废弃物、秸秆等)燃料的直接燃烧和垃圾焚烧发电。生物质直接燃烧发电在工业发达国家已有成熟的技术设备,并形成了一定的生产规模。

随着城市化和食品、医药等工业的发展,城市垃圾迅速增加,许多城市面临着垃圾围城的困扰,大量垃圾堆放占用土地、污染环境,而卫生掩埋、焚化、就地燃烧、堆肥、填低洼地及任意倾弃衍生出二次污染,危害生态环境和人们的健康。城市垃圾发电是利用焚烧炉对生活垃圾中可燃物质进行高温焚烧处理,消除垃圾中大量的有害物质,同时利用回收到的热能进行供热、供电,达到减量化、无害化和资源化的目的。

垃圾发电是一种非常有效的措施。垃圾中的二次能源物质——有机可燃物所含热量多、热值高,每2t垃圾可获得相当于燃烧1t煤的热量。焚烧处理后的灰渣呈中性,无气味,不引发二次污染,且体积减小90%,质量减轻75%。如果方法得当,1t垃圾可获300～400kW·h电力。

垃圾发电可以先将垃圾与水混合后压碎,变成液体,利用微生物将这些有机物质分解并释放出气体(65%是甲烷),再将甲烷提纯、浓缩,然后用于发电。也可以将垃圾在高温下焚烧和熔融,炉内温度高达900℃～1100℃,垃圾中的病原菌被杀灭,达到无害化目的,并得到可燃气体,可燃气和余热用于发电。通常的垃圾发电技术是将垃圾投入焚烧炉中燃烧,由垃圾燃烧产生的热量制造蒸汽,以驱动蒸汽轮机发电。由于垃圾中含有大量的盐分和氯乙烯等物质,燃烧后会产生一种含有氯元素的气体,这种气体在温度达到300℃时就会严重腐蚀锅炉及管道,所以发电用蒸汽的温度只能控制在250℃左右。通常垃圾发电技术的发电效率只能达到10%～15%。

发达国家十分重视垃圾处理资源化和无害化,随着科学技术的进步,发达国家加强了利用垃圾发电的技术研究、开发与应用。美国加利福尼亚州有一座专门烧牛粪的发电厂,每小时可烧40t牛粪,发电1.6×10^4kW·h。位于美国皮内拉斯的垃圾发电站年发电量为1×10^{10}kW·h,每周可处理120多万吨垃圾,垃圾燃烧后的废渣还可用于铺路。荷兰政府也拨出巨款设计建造若干大型垃圾发电站。日本推出庞大的垃圾发电计划,为达到这一目标,通产省积极组织力量,解决有关技术问题,并通过发行股票债券等方式进行融资,用于兴建垃圾电厂。

我国的垃圾发电近年来得到快速发展。这方面,东南沿海城市已走在前列。其中,深圳于20世纪80年代末建成了国内首家垃圾焚烧发电厂,目前逾半垃圾用于焚烧发电,垃圾发电领跑全国。珠江三角洲已建成十几座垃圾发电厂。温州市建成一座日处理生活垃圾320t、年发电量2.5×10^7kW·h的垃圾焚烧发电厂,在全国率先使用半干法中和反应塔与布袋过滤烟气净化系统,从而使烟气中的微尘和有害物得到充分净化,达到了国家标准。经中国科学院水生生物研究所等权威机构检测,烟气排放指标符合国家环保标准,焚烧发电工艺和技术全国领先并达到国际水平,这一工程已被国家经贸委列入全国垃圾焚烧示范工程之一。上海在浦东新区建成了日焚烧垃圾 1000t,发电 $3.0\sim3.5\times10^5$ kW·h 的御桥垃圾焚烧发电厂,并在嘉定区建成了江桥垃圾焚烧发电厂,有 3 台日处理量 500t 的焚烧炉,2 台 12.5MW 的汽轮机发电机组。北京高安屯垃圾焚烧发电厂年处理生活垃圾 53.3 万吨,余热发电每年额定发电量 2.2×10^8 kW·h,相当于每年节约 7 万吨标准煤。同时,采用中水作为循环冷却水,每年节省 160 万吨市政供水资源,有效实现资源综合利用。天津、四川、江苏、湖南、山西等省市也建有垃圾发电厂项目。充分利用垃圾资源,进行垃圾填埋气发电或直燃发电,将是今后我国大多数城市面临的问题之一。

垃圾在高温下焚烧可灭菌,分解有害物质,但当工况变化,或尾气处理前渗漏,处理中稍有不慎等都会造成二次污染。因此垃圾焚烧要严防"二次污染"问题,包括垃圾焚烧后的二次污染、水资源的污染、残渣与粉尘的污染等,尤其是二噁英(多氯二苯并二噁英)会诱发癌症。因此,垃圾发电厂需要有严格的技术和环保监控系统相匹配。

环保专家认为,随着大幅度提高垃圾发电效率技术不断开发成功,垃圾发电将有可能迅速发展,它不仅可以解决垃圾处理场地不足的问题,还可以化害为利,减少环境污染,并可望成为很有潜力的电力来源。

生物质气化发电技术的基本原理是把生物质转化为可燃气,再利用可燃气推动燃气发电设备进行发电,包括内燃机发电、燃气轮机发电和蒸汽透平发电,或生物质整体气化联合循环发电(BIGCC)。它既能解决生物质难以燃用而且分散的缺点,又可以充分发挥燃气发电技术紧凑而污染少的优点,是生物质最有效、最洁净的利用方法之一。

气化发电过程包括三个方面:一是生物质气化;二是气体净化;三是燃气发电。将生物质废弃物包括木料、秸秆、谷壳、稻草、甘蔗等固体废弃物转化为可燃气体,这些气体经过除焦净化处理后,再送到气体内燃机进行发电,达到以气代油、降低发电成本的目的。生物质气化发电过程由下面几部分组成:生物质预处理→气化炉→气体净化器→气体内燃机→发电并网。

BIGCC 采用整体生物质气化、燃气轮机发电和热量回收,能够取得较高的能源利用效率,规模大的生物质气化发电厂效率可达 40%～50%,然而 BIGCC 技术的放大还缺乏经验,目前仍处于示范阶段。

沼气燃烧发电是随着沼气综合利用的不断发展而出现的一项沼气利用技术,它将沼气用于发动机上,并装有综合发电装置以产生电能和热能,是有效利用沼气的一种重要方式。沼气能量在沼气发电过程中经历由化学能→热能→机械能→电能的转换过程，其能量转换效率受热力学第二定律的限制，热能的卡诺循环效率不超过40％，大部分能量随废气排出。因此，将发动机的废气回收是提高沼气能量总利用效率的必要途径，余热回收的发电系统总效率可达60％～70％。目前，用于沼气发电的设备主要有内燃机和汽轮机。国外用于沼气发电的内燃机主要使用Otto发动机和Diesel发动机。汽轮机中燃气发动机和蒸汽发动机均有使用，燃气发动机的优点是单位质量的功率大。

目前，国外沼气发电机组主要用于垃圾填埋场的沼气处理工艺中。美国在沼气发电领域有许多成熟的技术和工程，处于世界领先水平。沼气发电在发达国家已受到广泛重视和积极推广，如美国的能源农场、德国的可再生能源促进法的颁布、日本的阳光工程、荷兰的绿色能源等。

我国开展沼气发电领域的研究始于20世纪80年代，先后有一些科研机构进行过沼气发动机的改装和提高热效率方面的研究工作。我国的沼气发动机主要有双燃料式和全烧式两类。目前，对沼气—柴油双燃料发动机的研究开发工作较多，如中国农机研究院与四川绵阳新华内燃机厂共同研制开发的S195-1型双燃料发动机、上海新中动力机厂研制的20/27G双燃料机等。目前在沼气发电方面的研究工作主要集中在内燃机系列上。

混合燃烧发电技术是指将生物质原料应用于燃煤电厂中，使用生物质和煤两种原料进行发电。混合燃烧主要有两种方式：一种是将生物质原料直接送入燃煤锅炉，与煤共同燃烧，产生蒸汽，带动蒸汽轮机发电；另一种是先将生物质原料在气化炉中气化生成可燃气体，再通入燃煤锅炉，可燃气体与煤共同燃烧产生蒸汽，带动蒸汽轮机发电。无论哪种方式，生物质原料预处理技术都是非常关键的，使之符合燃煤锅炉或气化炉的要求。混合燃烧的关键技术还包括煤与生物质混燃技术、煤与生物质可燃气体混燃技术、蒸汽轮机效率等。

第三章　太阳能与材料技术原理

第一节　太阳能的光热利用

　　太阳能是一种人类赖以生存与发展的能源,地球上多种形式的能源皆起源于太阳能。太阳发射的宽频电磁波给地球带来的能量可以转化成热、电或者用于生产燃料。转化的太阳热能可用于家庭热水和工业过程供热等。太阳辐射还可以通过热电厂(利用阳光加热的蒸汽)产生电能,或者直接转化成直流电。同时还可以通过光驱动的化学反应或者光电池驱动的电解反应生成氢气,替代传统的化石燃料。太阳能作为一种能源,无疑是清洁的、可持续能源的代表。

　　太阳能—热能转换历史悠久,开发也普遍。太阳能热利用包括:太阳能热水器、太阳能热发电、太阳能制冷与空调、太阳房等。

一、太阳能热水系统

　　伴随着人们对环境保护和能源危机意识的加强,太阳能资源的开发与利用越来越得到人们的认可和重视,太阳能热水器(系统)的市场前景相当广阔。太阳能热水器(系统)是太阳能热利用产业发展的主要内容之一,其技术已趋成熟,是目前我国新能源和可再生能源行业中最具发展潜力的品种之一。随着城乡居民生活水平的提高,对生活热水需求量将大大增加,太阳能热水器使用范围逐步由提供生活用热水向商业用热水和工农业用热水方向发展。太阳能热利用产业发展至今,经历了"从热水到热能""从民用到工业""从散乱到一体化"的技术进步。太阳能热利用与建筑一体化技术的发展使得太阳能热水供应、空调、采暖工程成本逐渐降低,未来几年,太阳能热利用行业已经具备从"中高温热利用""工业热能利用"到"太阳能建筑一体化"产业升级的条件,太阳能热水器存在着潜在的巨大市场。

屋顶上的太阳能家庭热水集热器是太阳能技术利用的最常见形式。该集热器大多数用于太阳能家庭热水系统,用来为房屋提供热水,或者为游泳池提供温水。

太阳能热水系统主要元件包括集热器、储存装置及循环管路三部分。此外,还有辅助的能源装置(如电热器等)以供无日照时使用,另外尚可能有强制循环用的水,控制水位、控制电动部分或温度的装置及接到负载的管路等。若按照流体的流动方式分类,可将太阳能热水系统分为三大类:循环式、直流式和闷晒式。按照形成水循环的动力,循环方式又分为自然循环式和强制循环式两种。

(一)自然循环式

自然循环式太阳能热水装置的储水箱置于集热器上方。其工作原理是:在以集热器、储水箱、上下循环管组成的闭式回路中,水在集热器中接受太阳辐射被加热,温度上升而密度降低。由于浮升力的作用,热水沿着管道上升,使上循环管中的水成为热水。集热器及储水箱中由于水温不同而产生密度差,形成系统的热虹吸现象,促使水在储水箱及集热器中自然流动。在流动过程中,上循环管中的热水不断流入储水箱,储水箱底部的冷水不断通过下循环管流入集热器下集管,如此不断循环,集热器工作一段时间后,水箱上部的热水就可使用。由于密度差的关系,水流量与集热器太阳能的吸收量成正比。水流经集热器是以热虹吸压头作为动力的,因而不需要安装专用水泵。安装维护甚为简单,故已被广泛采用。

(二)强制循环式

自然循环式热水系统是靠温差产生的很小的压差进行循环的,所以对集热器的蓄热水箱的相对位置、连接管的管径及配制方式均有一定要求和限制。对于大型供热水系统,应采用强制循环式。强制循环式太阳能热水系统主要由集热器、储水箱、水泵、控温器和管道组成。热水系统使水在集热器与储水箱之间循环。当集热器顶端水温高于储水箱底部水温若干度时,控制装置将启动,使水流动。水入口处设有止回阀,以防止夜间水由收集器逆流,引起热损失。此种型式的热水系统的流量可知,容易预测性能,亦可推算在若干时间内的加热水量。在同样设计条件下,较自然循环方式具有可以获得较高水温的长处。但存在控制装置时动时停、漏水等问题。因此,除大型热水系统或需要较高水温的情况下才选择强制循环式外,一般大多用自然循环式热水器。

太阳能热水器是绿色环保产品，具有安全、环保、节能的特点。据统计，我国太阳能热水器平均每平方米每个正常日照日可产生相当于 2.5kW·h 电的热量，每年可节约 0.1～0.2t 标准煤，可以减少约 0.7t 二氧化碳的排放量，同时减少了大量有害气体的排放，一到两年内节约的能源、电费就相当于一台太阳能热水器的价格，其使用寿命为 8 年以上。20 世纪 70 年代后期，我国开始开发家用热水器，使太阳能热水器得到了快速发展和推广应用。目前，我国已成为世界上最大的太阳能热水器生产国和最大的太阳能热水器市场，并仍在以每年 20％～30％的速度递增。目前在市场上占主导地位的热水器主要有平板型和真空管型两种。平板型热水器国内市场份额约 65％；真空管热水器分全玻璃和热管式两种，国内市场份额约 35％。太阳能热水器的广泛应用，包括生活用热水、采暖，主要用于家庭，其次是厂矿机关、公共场所等。

二、太阳能热发电

太阳能热发电，也叫聚焦型太阳能热发电，是利用集热器将太阳辐射能转换成热能并通过热力循环进行发电的过程，是太阳能热利用的重要方面，是除光伏发电技术以外另一有着很大发展潜力的太阳能发电技术。

除了水力发电外，差不多所有的电能都产生于采用朗肯循环的热力电站。太阳能热发电的热源采用太阳能向蒸发器供热，工质（通常为水）在蒸发器（或锅炉）中蒸发为蒸汽并被过热，进入透平，通过喷管加速后驱动叶轮旋转，从而带动发电机发电。离开透平的工质仍然为蒸汽，但其压力和温度都已大大降低，成为（温）饱和蒸汽，然后进入冷凝器，向冷却介质（水或空气）释放潜热，凝结成液体。凝结成液体的工质最后被重新泵送回蒸发器（或锅炉）中，开始新的循环。

太阳能热发电系统由集热系统、热传输系统、蓄热与热交换系统和汽轮机发电系统组成。到目前为止，根据太阳能聚光跟踪理论和实现方法的不同，太阳能热发电主要有太阳能槽式聚焦系统、太阳能塔式聚焦系统、太阳能碟式聚焦系统和反射菲涅尔聚焦系统四种方式。

槽式太阳能热发电系统是利用抛物线形曲面反射镜的槽式聚光系统将阳光聚焦到管状的接收器上，并将管内传热工质加热，在换热器内产生蒸汽，推动常规汽轮机发电。槽式系统以线聚焦代替了点聚焦，并且聚焦的吸收器管线随着柱状抛物面反射镜一起跟踪太阳而运动。

塔式太阳能热发电系统是在空旷的地面上建立一高大的中央吸收塔，塔顶上安装一个接收器，塔的周围安装一定数量的定日镜，通过独立跟踪太阳的定日镜，将阳光聚焦到塔顶部的接收器上，用于产生高温蒸汽。然后由传热介质将得到的热量输送到安装在塔下的透平发电装置中，推动透平、带动发电机发电。

碟式太阳能热发电系统又称盘式太阳能热发电系统，是世界上最早出现的太阳能动力系统，是目前效率最高的太阳能发电系统。碟式/斯特林系统是由许多镜子组成的抛物面反射镜组成，主要特征是采用碟（盘）状抛物面镜聚光集热器，该集热器是一种点聚焦集热器，可使传热工质加热到750℃左右，驱动发动机进行发电。这种系统可以独立运行，作为无电边远地区的小型电源，一般功率为 $10\sim25kW$，聚光镜直径 $10\sim15m$；也可用于较大的用户，把数台至十台装置并联起来，组成小型太阳能热发电站。太阳能碟式发电尚处于中试和示范阶段，但商业化前景看好，它和塔式以及槽式系统既可单纯应用太阳能运行，也可安装成为与常规燃料联合运行的混合发电系统。

光热发电与常规化石能源在热力发电上的原理相同，电能质量优良，可直接无障碍并网。同时，光热发电可储能、可调峰，实现连续发电。更为重要的是，光热发电在热发电环节上与火电相同，光热发电更适合建大型电站项目，可通过规模效应迅速降低成本。未来几年，我国将在光照条件好、可利用土地面积广、具备水资源条件的地区开展太阳能热发电示范项目。

三、太阳能制冷与空调技术

太阳能制冷可以通过太阳能光电转换制冷和太阳能光热转换制冷两种途径实现。太阳能光电转换制冷就是先将太阳能转换为电能，再用电能进行制冷，制冷的方式主要包括常规电力驱动的压缩制冷和半导体制冷两种。太阳能光热转化制冷是先将太阳能转化为热能（或机械能），再利用热能（或机械能）作为外界的补偿，使系统达到并维持所需的低温。太阳能光热制冷系统主要类型有太阳能吸收式制冷、太阳能吸附式制冷、太阳能蒸汽压缩式制冷和太阳能喷射式制冷等。

随着蒙特利尔条约的签订，氟里昂压缩式制冷机将逐渐退出市场。根据吸收剂的不同，太阳能光热制冷分为氨—水吸收式制冷和溴化锂—水吸收式制冷两种。由于造价、工艺、效率等方面的原因,这种制冷机不宜做得太小。所以,采用这种技术的太阳能空调系统一般适用于中央空调,系统需要有一定的规模。利用水、蒸汽或其他热源驱动的溴化锂吸收式制冷机将逐渐成为一种趋势,尤其是在中央空调方面。太阳能空调系统就是以太阳能来驱动制冷机工作,以达到节约常规能源消耗、降低系统运行费用的目的。

太阳能空调系统主要由热管式真空管太阳能集热器、热水型单效溴化锂吸收式制冷机、储热水箱、储冷水箱、生活用热水箱、循环水泵、冷却塔、空调箱和自动控制系统等几大部分组成。在夏季,太阳能空调首先将被太阳能集热器加热的热水储存在储热水箱中,当储热水箱中的热水温度达到一定值时,就由储热水箱向制冷机提供所需的热水,从制冷机流出的热水温度降温后再流回储热水箱,并由太阳能集热器再加热成高温热水。而制冷机产生的冷水首先储存在储冷水箱中,再由储冷水箱分别向各个空调箱提供冷水,以达到空调制冷的目的。当太阳能不足以提供足够高温的热水时,可以由辅助的直燃型溴化锂机组工作,以满足空调的要求。在冬季,太阳能空调同样是将太阳能集热器加热的热水先储存在储热水箱中,当热水温度达到一定值时,就由储热水箱直接向各个空调箱提供所需的热水,以达到供热的目的。当太阳能提供的热量不能够满足要求时,就由辅助的直燃型溴化锂吸收式冷热水机组直接向空调箱提供热水。

四、太阳房

太阳能温室又称太阳能暖房,简称太阳房,它是直接利用太阳辐射能的重要方面。人类利用太阳能供暖具有十分悠久的历史。我们的祖先将房屋砌向朝阳,开一个巨大的窗户,自然地将太阳热引入室内用于供暖,这就是所谓的"太阳房"。但是,这样的太阳房由于没有专设的集热装置、隔热措施及储热设备,既不能充分利用太阳能,也不能将白天的太阳热量保留到晚上,应该说这是一种最原始的设计。

现代技术上的太阳房已经超过了上述含义,通常要在建筑物上装设一套集热、蓄热装置,有意识地利用太阳能。把房屋看作一个集热器,通过建筑设计把高效隔热材料、透光材料、储能材料等有机地集成在一起,使房屋尽可能多地吸收并保存太阳能,达到房屋采暖的目的。太阳房与建筑结合形成了"太阳能建筑"技术领域,可以节约 75%～90% 的能耗,并具有良好的环境效益和经济效益,已成为各国太阳能利用技术的重要方面。欧洲在太阳房技术和应用方面处于领先地位,特别是在玻璃涂层、窗技术、透明隔热材料等方面居世界领先地位。日本已利用这种技术建成了上万套太阳房,节能幼儿园、节能办公室、节能医院也在大力推广,中国也正在推广综合利用太阳能,使建筑物成为完全不依赖常规能源的节能环保性住宅。太阳能暖房系统是由太阳能收集器、热储存装置、辅助能源系统及室内暖房风扇系统所组成的,分被动式和主动式两类。

所谓被动式自然采暖太阳房,就是不用任何其他机械动力,只依靠太阳能自然供暖的建筑物。它是通过建筑朝向和周围环境的合理布置,内部空间和外部形体的巧妙处理,以及建筑材料和结构、构造的恰当选择,从而解决建筑物的采暖问题。白天直接依靠太阳辐射供暖,多余的热量为热容量大的建筑物本体(如墙壁、天花板、地基)、蓄热槽的卵石、水等吸收,夜间通过自然对流放热,使室内保持一定的温度,达到采暖的目的。被动式太阳房不需要辅助能源,结构简单,造价较低,因此应用较多。我国从 20 世纪 70 年代末开始这种太阳房的研究示范,已有较大规模的推广。北京、天津、河北、内蒙古、辽宁、甘肃、青海和西藏等地,均先后建起了一批被动式太阳房,各种标准设计日益完善,并开展了国际交流与合作,受到联合国太阳能专家的好评。被动式太阳房特色明显,发展迅速,设计规范合理,选型多样,节能明显。除住房外,特别适合于寒冷地区的中小学教室。由于太阳房冬暖夏凉,已逐渐由北向南发展。在长江和黄河之间通常不供暖的地区,冬冷夏热,太阳房更易发挥效益。国内典型的被动式太阳房建筑有:大连后石小学太阳房、内蒙古呼和浩特太阳房住宅楼和新疆乌鲁木齐新市区太阳房等。

主动式太阳房是指需要花费一定的动力进行热循环的系统,这种太阳能供暖系统大致由集热器、传热流体、蓄热槽、散热器、循环泵、辅助锅炉以及连接这些设备的管道和自动控制设备构成。主动式太阳房室温能主动控制,使用适宜。但是由于结构较复杂,造价也较高,因而在我国其研究与开发相对较少。目前,中国的太阳房正在朝主被动结合式太阳房方向发展。

目前,太阳能温室、塑料大棚和地膜不仅在瓜果蔬菜、花木苗圃等种植业广为应用,在水产养殖、禽畜饲养等方面的应用也不断扩大,对提高农牧业产量,增加农民收入起了很大作用。

第二节　太阳能的光化学利用

利用光化学反应可以将太阳能转换为化学能,主要有 3 种方法:光合作用、光化学作用(如光分解水制氢)和光电转换(光转换成电后电解水制氢)。

一、光合作用

地球上数以万计的绿色植物在进行着光合作用,人类赖以生存的能源和材料都直接和间接地来自光合作用。粮食就是由太阳能和生物的光合作用生成的,石油、煤、天然气等化石燃料就是自然界留给人类的光合作用产物。

光合作用是绿色植物和藻类植物在可见光作用下将二氧化碳和水转化成碳水化合物的过程,可近似地表示为:

$$nCO_2 + mH_2O \xrightarrow{h\nu} C_n(H_2O)_m + nO_2 \qquad (3\text{-}1)$$

生成的碳水化合物(糖类)维持着生命活动所需的能量。光合作用是通过将光能转化为电能,继而将电能转化为活跃的化学能,最终将其转化为稳定的化学能的过程,这一过程为利用光合作用发电提供了基础。光合作用的第一个能量转换过程是将太阳能转变为电能,这是一个运转效率极高的光物理、光化学过程,而且光合作用是一个普遍的纯粹的生理过程,是纯天然的"发电机",利用的原料(水)成本很低,且不会对环境造成污染。如果能将这种生理过程应用到太阳能到电能的转化,将会使人们更高效地利用太阳能获得所需要的能量,获得经济效益和环境效益的双丰收。

由于光合作用能够相对高效地将太阳能转化成电能,而且在转化的过程中仅消耗水,对环境没有丝毫的污染,所以在其他自然能源日益匮乏、环境污染严重的今天,利用光合作用解决人类的能源需求问题已经成为科学家研究的热点问题。相信在不久的将来,人类能够通过这条途径源源不断地获取所需的能源,这也势必对今后人类社会的发展起着巨大的推动作用。

光合作用包括两个主要步骤:一是需要光参与的在叶绿体的囊状结构上进行的光反应;二是不需要光参与的在有关酶的催化下在叶绿体基质内进行的暗反应。光反应又分为两个步骤:原初反应(将光能转化成电能,分解水并释放氧气);电子传递和光合磷酸化(将电能转化为活跃的化学能)。暗反应是以植物体内的 C_5 化合物(1,5-二磷酸核酮糖)和二氧化碳为原料,利用光反应产生的活跃的化学能,形成储存能量的葡萄糖。如果利用光合作用发电,一个研究的关键就是光反应,也就是在光反应结束之前(即电能转化为活跃的化学能之前)设法将电能输出。

原初反应是光反应的第一步,完成了光能向电能的转化。原初反应需要叶绿素分子的参与。在反应中不同的叶绿素有着不同的作用。中心色素,即少数处于特殊状态的叶绿素 a 分子,具有光化学活性,可以捕捉光能并转化光能;聚光色素,无光化学活性,只收集和传递光能,即将光能汇集,传入中心色素,包括大部分叶绿素 a 和全部的叶绿素 b、β-胡萝卜素和叶黄素等。中心色素中起关键作用的叶绿素 a 具有一个卟啉环的头部和一条叶醇链的尾部,其头部的卟啉环是由 4 个吡咯环和 4 个甲烯基连接而成,在环的中央有一个镁原子与氮原子结合。镁原子偏向于带正电荷,而与其相连的氮原子则偏向于带负电荷,因此卟啉环具有极性,是亲水的,可以和蛋白质结合。其尾部的叶醇基($C_{20}H_{39}-$),是长链状的烃类化合物。

叶绿素 a 分子中,以金属镁配合的卟啉环是受光激发电子的关键部分。卟啉环具有庞大的共轭双键(C=C)体系,激发它们只需要相当少的激发能量,所以它们的吸收带在可见光区。当双键获得能量后,其中一个键断裂,释放出一个高能电子,余下的一个电子由相邻的其中一个碳接受,此时的共轭体系处于电子空穴的状态,为恢复稳定状态,将从电子供体中夺取电子,填补空穴。叶绿素 a 具有含有 56 个 π 电子的大环,这就说明了只需要相当低的能量就可以激发这个体系。

在波长范围为 400~700nm 的可见光照到绿色植物上时,引起了色素分子的激发。不同的色素吸收不同波段的可见光(图 3-1)。

由图 3-1 可知,存在于叶绿体中的叶绿素 a 分子,在红光区(640~660nm)和蓝紫光区(430~450nm)各有一个吸收峰。在光反应进行过程中,存在着两次电子的激发。叶绿素 a 吸收波长为 640~660nm 的红光时,叶绿素分子被激发到第一线态,产生氧化还原电位为 -0.7V 的激发态电子。之后电子进行传递,在传递的过程中伴随着能量的损耗,氧化还原电位不断降低。而当吸收波长为 430~450nm 的蓝紫光时,叶绿素 -1.0V 以上。很显然,第二线态所含的能量比第一线态要高。

中心色素分子(P)在进行原初反应时,受光激发,释放出高能电子,使 P 处于失电子状态。此时 $H_2O(D)$ 为 P 间接提供电子,使其恢复到原来的状态,而 $H_2O(D)$ 则分解成 O_2 和 H^+。P 释放出的高能电子进入电子传递链进行传递。整个原初反应的进行时间是 $10^{-15} \sim 10^{-12}$ s。这一过程是不断循环进行的,完成了光能到电能的转化。

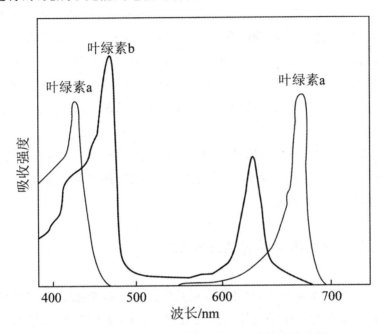

图 3-1   叶绿素 a 和叶绿素 b 在可见光的吸收光谱

光反应阶段利用太阳能经过原初反应(包括光能的吸收、传递与光化学反应)、同化力形成(包括光电子传递和光合磷酸化作用)产生生物代谢中的高能物质三磷腺苷(ATP)和还原辅酶Ⅱ(NADPH),水被分解,氧气作为副产物被释放出来。在光反应中,原初反应是指从 D(原初电子供体)到 P(中心色素分子受光激发)的过程,而从 P 到 A(原初电子受体 NADP)则属于电子传递和光合磷酸化过程。

光合作用高效吸能、传能和转能的分子机理及调控原理是光合作用研究的核心问题。光合作用发现至今已有 200 多年的历史,自 20 世纪 20 年代以来,关于光合作用的研究曾多次获得诺贝尔奖。但时至今日,光合作用的机理仍未被彻底了解,这也正是当今世界上许多科学工作者为之辛勤奋斗的原因。光合作用原初反应是包括能量传递和光诱导电荷分离的一个十分复杂的物理和化学过程,是一个难度大、探索性强的研究课题。其研究要取得突破性的进展,在很大程度上依赖于合适的、高度纯化和稳定的捕光及反应中心复合物的获得,以及当代各种十分复杂的超快手段和物理及化学技术的应用与理论分析。

当前国际上光合作用研究最突出的特点是多学科的交叉和渗透,并与开拓广阔和深远的应用前景相结合。国际上预测,用原初反应能量传递和转化来揭示光合作用以及对多种光合膜叶绿素蛋白空间结构的解析,将意味着光合系统可能成为第一个原子水平上以物理和化学概念进行解释的复杂生物系统。光合作用机理的研究如果获得重大突破,不仅具有重大的理论意义,而且还对指导农作物光能转化效率的调节和控制、农作物光合效率的基因工程和蛋白质工程的提高、太阳能利用新途径的开辟、新一代生物电子器件的研制、能源与信息科学及材料科学技术的促进,都有着直接的实际应用价值。

在实际应用中,可用含糖类、淀粉较多的农作物(如高粱、玉米等)为原料,加工后经水分解和细菌发酵制成乙醇,可在汽油中混入 10%~20% 的此类乙醇,用作汽车燃料。

二、光化学作用——光解水制氢

由于世界的飞速发展,大自然留给我们的能源越来越短缺,这就激发了各国的科学家对光合作用及其模拟的研究。从能源上考虑,光解水制造氢是太阳能光化学转化与储存的最好途径。这种方法的创新之处在于将取之不尽的太阳能通过光化学反应转换为储存于单质态氢中的化学能。氢是一种理想的高能物质,而地球上水的资源又极为丰富,因此光化学分解水制氢技术对氢能源的利用来说具有十分重要的意义。

水分解反应的方程式如下:

$$H_2O(l) \rightarrow H_2(g, 1atm) + 1/2O_2(g, 1atm) \qquad (3-2)$$

其 $\Delta H = 285.85 kJ/mol$,因此要实现分解水来制氢,至少需要提供 285.85kJ/mol 的能量,它相当于吸收 500nm 波长以下的光。

如果把太阳能先转化为电能,则光解水制氢可以通过电化学过程来实现。从太阳能利用角度看,光解水制氢过程主要是利用太阳能而不是它的热能,也就是说,光解水过程中首先应考虑尽可能地利用阳光辐射中的紫外线和可见光部分。由于水几乎不吸收可见光,从太阳辐射到地球表面的光不能直接将水分解。因此,需要借助有效的光催化剂才能实现光分解水制氢。光催化是含有催化剂的反应体系,即光照激发催化剂或激发催化剂与反应物形成络合物,从而加速反应进行的一种作用。当催化剂和光不存在时,该反应进行缓慢或不进行。

光催化分解水制氢过程主要包含以半导体为催化剂的光电化学分解水制氢和以金属配合模拟光合作用光解水制氢。

（一）半导体催化光解水制氢

20 世纪 70 年代初,日本化学家藤岛昭等人在 Nature 杂志上发表了关于 TiO_2 电极上光分解水的论文,即在光电池中以光辐射 TiO_2 可持续发生水的氧化还原反应,将光能转换为化学能储存起来,该实验成为光电化学发展史上一个重要的里程碑。这也是光电化学池的原型,即通过光阳极吸收太阳能并将光能转化为电能。光阳极通常为光半导体材料,受光激发可以产生电子—空穴对。光阳极和对电极(阴极)组成光电化学池,在电解质存在下光阳极吸光后在半导体导带上产生的电子通过外电路流向对电极,水中的质子从对电极上接受电子产生氢气。

在半导体微粒上可以担载铂,有人把铂作为阴极来看待,但从铂的作用机制上看更像是催化剂。因为在没有"外电路"只有水作为电解质的情况下,光激发所产生的电子无法像在体系外的导体中一样有序地从"光阳极"流向"阴极",铂的主要功能是聚集和传递电子,促进光还原水放氢反应。光电化学池的优点是放氢放氧可以在不同的电极上进行,减少了电荷在空间的复合概率。其缺点是必须加偏压,从而多消耗能量。

光电化学法通过光阳极吸收太阳能将光能转化为电能。光阳极通常采用半导体材料,受光激发产生电子—空穴对,阳极和阴极组成光化学电池,在电解质存在下光阳极吸光后在半导体上产生电子,通过外电路流向阴极,水中的质子从阴极上接受电子产生氢气。要实现半导体催化光解水,半导体的价带(VB)、导带(CB)的氧化还原电势以及带隙宽度(Eg)需满足一定的条件:导带的电子应能使质子还原为氢(导带的位置应比 H^+/H_2 的电势更负),价带的空穴能使水氧化(价带的位置应比 O_2/H_2O 的电势更正),半导体的带隙宽度必须大于水的电解电压(理论值为 1.23V)。

光解水效率与以下因素有关:①受光激励产生的自由电子—空穴对的数量;②自由电子—空穴对的分离、存活寿命;③再结合及逆反应抑制等。由于以上原因,构筑有效的光催化材料成为光解水制氢的关键。以太阳能为激发光源的二氧化钛光催化氧化技术具有节能、高效、无二次污染的优点,极具研究和实用价值。

二氧化钛是一种具有半导体催化性能的材料。将二氧化钛半导体电极插入盛有一定浓度的碱性水溶液的白瓷盘里,将铂黑电极插入盛有一定浓度稀硫酸的烧杯里,白瓷盘和烧杯之间用一个盐桥沟通,两电极通过外电路连接,构成一个电化学电池。在阳光照射下,二氧化钛半导体吸收光能而激发,在两电极之间产生 1.5V 的电动势。若将连接两电极的外电路接通,则在铂黑电极的表面还原水产生氢气,而在二氧化钛电极表面产生氧气,从而形成电流。这是最简单,也是最早的光电化学电池分解水制氢。

二氧化钛光催化的机制与光电效应有关。光子激发原子所发生的激发和辐射过程称为光电效应,即当入射光量子的能量等于或稍大于吸收体原子某壳层电子的结合能时,光量子很容易被电子吸收,而获得能量的电子从内层脱出,成为自由电子,变成光电子,原子则处于相应的激发态。半导体二氧化钛的带隙能为 3.2eV,当以光子能量大于二氧化钛带隙能(3.2eV)的光波辐照二氧化钛时(波长≤387.5nm),处于价带的电子被激发到导带上而生成高活性的电子(e^-),并在价带上产生带正电荷的空穴(h^+),最终使同二氧化钛接触的水分子被光激发,发生分解。

二氧化钛的晶体构型主要有正方晶系的金红石型(高温型)、锐钛矿型(低温型),还有斜方晶系的板钛矿型三种。对于体相二氧化钛,锐钛矿型和金红石型的带隙分别为 3.2eV 和 3.0eV,对应的吸收阈值分别为 390nm 和 415nm。理论上金红石型二氧化钛产氢显示出更高的活性,但由于键结构的不同,作为光催化剂使用的二氧化钛,主要是锐钛矿型。在二氧化钛表面负载 Pt 等贵金属,增加锐钛矿型二氧化钛的结晶程度,可以起到降低产氢的过电位,抑制电子和空穴再结合的效果。

二氧化钛的禁带宽度较大,可采用一定方法使其禁带宽度变小,使得吸收波长延长至可见光范围,这以掺杂特定半导体材料及金属离子较为有效和实用。选用禁带宽度比二氧化钛小的半导体如 WO_3、ZnO 等与二氧化钛复合,可以延展催化剂吸收光谱的范围,使其较易被太阳光能激发。目前,研究的复合体系类型较多,比较简单的方法是将两种氧化物共同煅烧或共同附着于载体上。利用过渡金属离子的掺杂也可取得很好的效果。当有微量杂质元素掺入半导体晶体中时,可以形成杂质置换缺陷,杂质置换缺陷对催化剂的活性起着重要作用,有可能产生活性中心而增加反应活性。如掺杂过渡金属离子 Fe、Cu、Cr 等,可以在半导体 TiO_2 表面引入缺陷位置或改变结晶度,成为电子或空穴的陷阱而延长 TiO_2 寿命。除了阳离子掺杂,阴离子(如 N、C、S、F 和 B)也用于取代 TiO_2 晶格中的 O 原子,以提升 TiO_2 的可见光响应。O_2P 和掺杂阴离子的 P 轨道结合,混合后的键能使 VB 向上移动、TiO_2 的带隙变窄,而 CB 保持不变。这意味着阴离子掺杂后，TiO_2 的氧化能力降低而还原能力几乎不变。这对于光解水制氢是非常重要的，因为 TiO_2 的 CB 仅比水的还原电位稍高，但 TiO_2 的 VB 远低于水的氧化电位，能更有效提升光催化剂的活性。

作为光诱导电荷转移的材料，应该具有以下特点：有较强的电子亲和力，易与光敏材料结合，保证传递效率。纳米材料具有小的移动距离，电荷能快速转移到表面，减少了再结合的概率，同时 Eg 和其他的物理、化学性质也会发生改变，其中纳米材料的光诱导电荷转移已经成为人们研究的重点之一。目前较为实用的研究方向是 TiO_2 纳米材料的研制。

纳米 TiO_2 与普通 TiO_2 相比，具有很强的光催化能力。研究结果表明：当 TiO_2 晶粒尺寸从 30nm 降至 10nm，其光催化的活性提高了 45％。当微粒尺寸减小到一定程度时，费米能级附近的电子能级由连续能级变成分立能级，吸收光波值向短波方向移动，这种现象就是纳米材料量子尺寸效应的表现。量子尺寸效应会使微粒禁带变宽，并使能带蓝移。TiO_2 微粒中处于分立能级的电子波动性使超细 TiO_2 材料比块状 TiO_2 材料具有显著不同的物理、化学性质。

TiO_2 和 Cu_2O、SiC、CdS、ZnO、CuO、Ta_2O_5 等其他半导体结合，可以达到更有效的分离电荷，增加界面电荷转移效率和寿命的目的。在反应溶液中添加牺牲剂，也可以增加空穴或电子与水反应的机会，避免电子和空穴的直接结合。在牺牲剂存在下，电子受体如 Ag^+、Fe^{3+} 和 Ce^{4+} 作为氧化水析出 O_2 的催化剂使用，以改善 O_2 析出速率。对于产氢，由于是电子和 H^+ 反应，牺牲剂是电子供体，例如甲醇、乙醇、乳酸、甲醛、CN^-、EDTA 和一些生物质衍生物的碳水化合物等。

有机染料也具有小带隙半导体的功能，作为敏化剂能拓展 TiO_2 到可见光的使用范围。在可见光照射下，激发的电子从染料注入 TiO_2 中，开始光催化反应，通过牺牲剂使染料中的 h^+ 还原，染料得以再生，从而完成整个反应。为了促进电子传输，连接在 TiO_2 纳米颗粒表面的染料可以进行功能化修饰。一些染料如酞菁、卟啉、细胞色素、曙红 Y、部花青、杂多蓝等应用于提高产氢的性能研究。

硫属化合物也可作为光催化体系，如 CdS、$ZnIn_2S_4$、$CdIn_2S_4$ 和 ZnS 等。CdS 的带隙能 Eg 为 2.25eV，与 TiO_2 的 Eg 相比，带隙能较小，更适于产氢。而且 CdS 的导带电势更负，在太阳光谱的可见光区域有更好地吸收特性。理论上利用 CdS 作为光催化剂进行光分解水制氢更有优势。

为提高 CdS 半导体的光催化产氢效率，降低光腐蚀，人们采取了各种措施,比如在半导体中掺杂 Pt;采用硅胶、碱或碱土金属氧化物等催化剂载体;利用染料如三联吡啶钌 $Ru(bpy)_3^{2+}$ 敏化半导体;在半导体中混合宽带隙半导体,如 TiO_2、ZnS 等用于强化半导体光催化剂的催化活性。另外还使用如硫化物、亚硫酸盐、EDTA 等牺牲介质以减轻半导体的光腐蚀,使用甲酸盐和乙二酸盐作为空穴消除剂以及外加偏电压以提高 CdS 半导体的光催化分解水产氢的速率。

目前研究的大部分半导体催化剂具有比较宽的禁带宽度,只能够吸收紫外线。而太阳光谱中分布最强的成分集中在可见光区,紫外线只占太阳光中很小的部分。通过各种能带调控技术(金属阳离子掺杂、阴离子掺杂、固溶体)等方式调变光催化剂的吸收范围,设计在可见光区内具有高量子产率的催化剂是充分利用太阳能、降低光催化制氢成本的关键。从 TiO_2、过渡金属氧化物/硫化物、层状金属氧化物到能利用可见光的复合层状物的发展过程,也反映了光解水发展的主要进程。

(二)配合物模拟光合作用光解水制氢

自从在叶绿素上发现光合作用过程的半导体电化学机理后,科学家就企图利用所谓"半导体隔片光电化学电池"来实现可见光直接电解水制氢的目标,即人工模拟光合作用来分解水制氢。

在绿色植物中,吸光物质是一种结构为镁卟啉的光敏络合物,通过醌类传递电子。具有镁卟啉结构的叶绿素分子通过吸收 680nm 可见光诱发电荷分离,使水氧化分解而释氧,与此同时,质醌(质体醌)发生光还原。从分解水的角度而言,在绿色植物光合作用中,首先应该是通过光氧化水放氧储能,然后才是二氧化碳的同化反应。由于氧化放氧通过电荷转移储存了光能,在二氧化碳同化过程中与质子形成碳水化合物中间体只能是一个暗反应。若只从太阳能的光化学转化与储存角度考虑,光合作用无疑是一个十分理想的过程,因为在此过程中,不但通过光化学反应储存了氢,同时也储存了碳。但对于太阳能分解水制氢,所需要的是氢而不是氧,则不必从结构上和功能上去模拟光合作用的全过程,而只需从原理上去模拟光合作用的吸光、电荷转移、储能和氧化还原反应等基本物理化学过程。

科学家们发现三联吡啶钌合物的激发态具有电子转移能力,并从络合催化电荷转移反应提出利用这一过程进行太阳光分解水制氢。这种配合物是一种催化剂,它的作用是吸收光能、产生电荷分离、电荷转移和集结,并通过一系列偶联过程最终使水分解为氢和氧。在这一反应过程中,络合物既是电子供体,也是电子受体,本身作为一种催化剂,在过程中不断循环而无消耗。

　　三联吡啶钌受阳光照射时并不能直接分解水,必须借助于一个能和水迅速进行电子交换的中间体,例如甲基紫精,它能捕捉三联吡啶钌激发态的能量,并获得电子。这样,三联吡啶钌处于氧化态,甲基紫精处于还原态,从而还原水制氢。在实际系统中,为了防止逆反应和促使光敏物质迅速还原,需要向制氢溶液加入电子给体,如乙二胺四乙酸钠,它能将三联吡啶钌的氧化态还原为三联吡啶钌配合物。此外,为了使氢气从溶液中释放出来,还需加入铂催化剂。这样,就构成了光敏物质、中间体、电子给体和催化剂的复合太阳光络合催化分解水制氢体系。这种催化体系的溶液在阳光照射下会产生一连串不断的小气泡,1L 溶液每小时可产 1L 氢气,一天之中可收集12L 之多。

　　现在人们利用类似叶绿素分子结构的有机光敏染料设计人工模拟光合作用的光能转换体系,进行光电转换的研究。光电与光化学结合的这一高技术研究必将开辟光电转换与制氢技术的新途径,将是太阳能利用的一个新领域。由于有机光敏染料可以自行设计合成,与无机半导体材料相比,材料选择余地大,而且易达到价廉的目标。如金属卟啉和金属酞菁是大的共轭有机分子与金属组成的配合物,具有较高的化学稳定性,吸收可见光谱能力较强,这也是它们作为有机光伏材料目前被广泛研究的原因。

三、光电—电解/热解制氢

　　太阳能电池一个最直接的应用就是将用其转换出的电能直接对水进行电解,在两极产生氢气和氧气,在这一过程中实现太阳能、电能与化学能的转换。此过程中,转换效率与电极材料有密切关系。对于硅材料,最高理论转换效率为 33%,而实际报道的最高效率可达 24%,商品化的单晶硅太阳能电池的效率在 12%～16% 之间。对于电解水来说,所需电压要大于理论值 1.23V(25℃),一般电解的电能利用率约 60%,所以综合考虑光—电转换和电解两部分因素光解水制氢的总效率约为 10%。这样的系统一般可以有较长的使用寿命。其主要问题在于成本,因为这种方法制氢气的成本与传统的从煤或天然气经化学方法制备的氢相比仍没有竞争力。使用多晶硅或其他半导体材料(CdS、$CdTe$、$CuInSe_2$),并且添加催化剂,使用较高温度及优化电解装置,都可以获得更佳的性价比。降低成本也一直是这类系统的发展方向。

另一种模式是将半导体材料电极直接浸于水溶液中,这样至少节省了电池装置和连接装置的成本。电极通常包含一组或多组 p-n 结,但这样就必须为半导体的防水涂层付出额外的代价。这是因为单一的 p-n 结的电压较低,以 Si 晶体为例仅为 0.55V,至少使用三组串联才可产生分解水所需的电势。美国德州仪器公司的一个典型的 Si 单晶系统很早就已经申请了专利。其 p-Si/n-Si 是建立在 0.2mm 直径的 Si 球上,嵌于玻璃中,并在玻璃层一侧贴导电层,成为一个微型的单体光电池。每个单体电池可以产生 0.55V 电压。在使用中,还添加了贵金属催化剂(M/p-Si/n-Si 或 M/n-Si/p-Si)。将两个单体连接,可以将 HBr 分解产生 H_2 和 Br_2,效率约 8%。将多个这样的光电池串联即可用于光解水,且获得了较好的电解效率。

此外,也可以直接使用金属和单一类型的半导体(Au/n-GaP、Pt/n-Si 等)来产生电势差。半导体粒子的能带结构一般由低能的价带和高能的导带构成,价带和导带之间存在禁带。半导体的禁带宽度一般在 3.0eV 以下。当能量大于或等于能隙的光照射到半导体时,半导体微粒吸收光,产生电子—空穴对。与金属不同,半导体微粒能带之间缺少连续区域,电子—空穴对一般有皮秒级的寿命,足以使光生电子和光生空穴对经由禁带向来自溶液或气相的吸附在半导体表面的物种转移电荷。空穴可以夺取半导体颗粒表面被吸附物质或溶剂中的电子,使原本不吸收光的物质被活化并被氧化,电子受体通过接受表面的电子而被还原,而半导体保持完整。

第三节　太阳能电池材料技术原理

太阳能转换为电能有两种基本途径:一种是把太阳辐射能转换为热能,即"太阳热发电";另一种是通过光电器件将太阳光直接转换为电能,即"太阳光发电"。光发电到目前为止已发展成为两种类型:一种是光生伏特电池,一般俗称太阳能电池;另一种是正在探索之中的光化学电池。

一、太阳能电池简介

太阳能电池虽然叫作电池，但与传统的电池概念不同的是它本身不提供能量储备，只是将太阳能转换为电能，以供使用。所以太阳能电池只是一个装置，它是利用某些半导体材料受到太阳光照射时产生的光伏效应将太阳辐射能直接转换成直流电能的器件，一般也称光电池。在制作太阳能电池时，根据需要将不同半导体组件封装成串并联的方阵。另外，通常需要用蓄电池等作为储能装置，以随时供给负载使用。如果是交流负载，则还需要通过逆变器将直流电变成交流电。整个光伏系统还要配备控制器等附件。

太阳能电池使用的是太阳光波的能量，同时作为电能的来源，具有很多独特的优点，包括：①太阳能取之不尽用之不竭；②太阳能随处可得，可就近供电，不必长距离输送，因而避免了输电线路等电能损失；③太阳能发电系统可采用模块化安装，方便灵活，建设周期短；④太阳能发电安全可靠，不会遭受能源危机或燃料市场不稳定的冲击；⑤太阳能不用燃料，运行成本很小；⑥太阳能发电没有运动部件，不易损坏，维护简单；⑦太阳能发电不产生任何废弃物，没有污染、噪声等公害，对环境无不良影响，是理想的清洁能源。

安装 1kW 光伏发电系统，每年可少排放二氧化碳约 2000kg、氮氧化物 16kg、硫氧化物 9kg 及其他微粒 0.6kg。一个 4kW 的屋顶家用光伏系统可以满足普通美国家庭的用电需要，每年少排放的二氧化碳数量相当于一辆家庭轿车的年排放量。

太阳光发电技术今后的主要目标是，通过改进现有的制造工艺、设计新的电池结构、开发新颖电池材料等方式来降低制造成本，并提高光电转换效率。

由于太阳能发电的特殊优越性，各国普遍将其作为航天器的首选动力。迄今为止，各国发射的数千颗航天器中，绝大多数都用太阳能电池。太阳能电池在人类对空间领域的探索中发挥了十分重要的作用。

由于价格昂贵，早期的太阳能电池只是在空间应用。后来由于材料、结构、工艺等方面的不断改进，产量逐年上升，价格也在逐渐下降。太阳能电池进入地面起初是在航标灯、铁路信号等特殊用电场合应用，后来逐渐发展到在微波通信中继站、防灾应急电源、石油及天然气管道阴极保护电源系统等较大规模的工业中应用。太阳能计数器、手表、收音机等更是到处可见。

在无电地区的乡村,太阳能家用电源、光电水泵等也已经广泛使用,并且有了很好的社会效益和经济效益。中小型太阳能光伏电站正在迅速增加,在不少地方已经可以取代柴油发电机。以上这些类型属于独立(离网)光伏系统的应用。而对于并网的太阳能发电系统也已在很多地区推广应用。

二、太阳能光谱

太阳光以电磁波的形式照射到地球上时,一部分光线被反射或散射,一部分光线被吸收,只有约 70% 的光线能透过大气层,以直射光或散射光到达地球表面。到达地球表面的太阳光一部分被表面物体吸收,另外一部分又被反射回大气层。考虑太阳所发出能量,太阳光在其到达地球的平均距离处的自由空间中的辐射强度密度被定义为太阳能常数,根据美国国家航空航天局和美国材料试验学会的数据,取值为 1353W/m^2。然而,下降到地球上某一地点的太阳光线,根据此地的纬度、时间和气象状况的不同会发生不同的变化,例如同一地方的直射日光随着四季不同而不同,通过的空气量也在变化。太阳光穿过大气层到达地球表面的太阳辐射主要与大气层厚度和成分有关,大气对地球表面接收太阳光的影响程度被定义为大气质量(AM)。

大气质量为零的状态(AM0)是指在地球外空间接收太阳光的情况,适用于人造卫星和宇宙飞船等应用场合;大气质量为 1 的状态(AM1)是指太阳光直接垂直照射到地球表面的情况,相当于晴朗夏日在海平面上所承受的太阳光。这两者的区别在于大气对太阳光的衰减,主要包括臭氧层对紫外线的吸收、水蒸气对红外线的吸收以及大气中尘埃和悬浮物的散射等。当太阳位于其他位置时,可以根据太阳光入射角与天顶角成的夹角 θ 来计算大气质量:

$$AM = \frac{1}{\cos\theta} \tag{3-3}$$

当 $\theta = 48.2°$ 时,大气质量为 AM1.5,是指典型晴天时太阳光照射到一般地面的情况,这个入射角在大部分地区很容易见到。因此,AM1.5 被规定为太阳能电池和组件效率测试和比较的标准。为了方便,AM1.5 太阳光的辐射强度被规定为 1kW/m^2。

太阳光的波长并不是单一的,其范围为 $10 \text{pm} \sim 10 \text{km}$,但主要集中在 $0.2 \sim 100 \mu\text{m}$ 的范围(从紫外到红外),而波长在 $0.3 \sim 2.6 \mu\text{m}$ 范围的辐射占

太阳能的95％以上。由于大气中不同成分气体的作用,在AM 1.5时,相当一部分波长的太阳光已被散射和吸收。其中,臭氧层对紫外线的吸收最为强烈,水蒸气对能量的吸收最大,约占到20％,而灰尘既能吸收也能反射太阳光。太阳光波长的分布对于太阳能电池的设计有很重要的指导意义,要提高光电转换效率,要尽量利用较多的太阳光。

三、太阳能电池发电原理

太阳能电池的工作原理就是将某些半导体材料的光伏效应放大化。半导体材料是介于导体和绝缘体之间,电导率在$10^{-10} \sim 10^4 \Omega^{-1} \cdot cm^{-1}$之间的物质。半导体的主要特征是能隙的存在,其电学、光学的性质归根结底是由于存在能隙而导致的。

当外部不给半导体以任何能量时,半导体中的电子充满价带,而导带不存在电子。在这种状态下,半导体不显出导电性,而是绝缘体。但是,如果半导体的温度上升,价带的电子则由于接受热能而激发至导带,这将有助于以传导的形式导电。价带中失去电子后,成为带正电荷的空穴。这些传导电子总称为"自由载流子"。在某一温度下处于热平衡状态下的半导体中,电子和空穴同时存在。半导体按照载流子的特征可分为本征半导体、n型半导体和p型半导体。本征半导体中,载流子是由部分电子从价带激发到导带上产生的,形成数目相等的电子和空穴。n型和p型半导体属于掺杂半导体,n型半导体是施主向半导体导带输送电子,形成多电子的结构,导电主要由电子决定;p型半导体是受主接受半导体价带电子,形成多空穴的结构,导电主要由空穴决定。应用于太阳能电池的半导体材料是n型半导体和p型半导体的结合体。

在一定温度下,半导体中载流子(电子、空穴)的来源,一是电子从价带直接激发到导带、在价带留下空穴的本征激发;二是施主或受主杂质的电离激发,与载流子的热激发过程相对应,还会伴随有电子与空穴的复合过程。这两部分均是温度的函数。最终系统中的产生与复合将达到热力学平衡的过程,此平衡下的载流子为热平衡载流子。电子作为费米子,服从费米-狄拉克统计分布,费米分布函数$f(E)$表示能量为E的能级上被电子填充的概率:

$$f(E) = \frac{1}{\exp \dfrac{E - E_F}{k_B T} + 1} \tag{3-4}$$

空穴在能量为 E 能级上填充的概率是能级未被电子填充的概率,空穴的分布函数为:

$$f(E) = \frac{1}{\exp \dfrac{E_F - E}{k_B T} + 1} \qquad (3\text{-}5)$$

公式中,E_F 为费米能级,是系统中电子的化学势,在一定意义上代表电子的平均能量;k_B 为玻尔兹曼常量。费米能级位置与材料的电子结构、温度及导电类型等有关,对于一定的材料它仅是温度的函数。有了导带和价带的态密度分布及电子与空穴的分布函数,就可计算在能带内的载流子浓度。

当具有一定能量的光照射半导体时,电子被激发,同时在价带形成空穴,为此需要的光能比禁带宽度的能量高。太阳光又可以认为是一种波,它可以当作一种运动的粒子,即光子。一个光子在半导体中产生一个电子—空穴对,一定温度下半导体具有的电子—空穴数取决于该温度下自由电子的数目。光照射半导体时,电子—空穴对被激发,这种超过热平衡状态存在的载流子,称为"过剩载流子"。

若以某种方法在半导体中形成"势垒",则可能将受激的电子—空穴对分开,从而可向外回路供电。这种势垒就是 p-n 结。图 3-2 表示半导体中产生的 p-n 结的能量图。在外部不加电压的热平衡状态下,n 型半导体的费米能级靠近导带,而 p 型半导体的费米能级靠近价带,在 p-n 结处形成势垒。由于势垒的存在,在 p 型层产生的电子向 n 型层移动,而在 n 型层产生的空穴向 p 型层移动。当扩散与漂移运动达到热平衡时,p-n 结有统一的费米能级,对外不呈现电流。在外电路未与元件连接时,如此分离出的过剩载流子分别储存在 p 型层和 n 型层中。在 p 型层中由于带有正电荷的空穴数目增多而带正电,在 n 型层中由于带负电荷的电子数目增多而带负电,于是在半导体元件两端产生电压。当电压在某一状态下达到平衡稳定时,产生的电压称为太阳电池的开路电压,其大小往往等于禁带宽度的 1/2 左右。当外部回路短路时,电流在外部回路中流动,不储存在半导体中。

通过 p-n 结来分离电荷时,过剩载流子必须从它产生的地方移动到 p-n 结,这种移动是由扩散或"漂移"效应引起的。但激发的电荷并不一定全部都到达 p-n 结而分离,即只有一部分到达 p-n 结而分离,这一效率称为收集效率。显然,要得到大的光电流,必须尽可能多地将远离 p-n 结地方产生的过剩载流子集中到 p-n 结,也就是说获得高的收集效率。

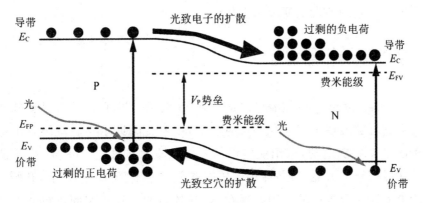

图 3-2　p-n 结的能量

光照下 p-n 结的基本特征是光生伏特效应(简称光伏效应)。光伏效应是当某种结构的半导体器件受到光照射时将产生直流电压(或电流);当光照停止后,电压(或电流)立即消失的现象。太阳能电池就是利用光伏效应产生电力输出的半导体器件。当能量大于半导体材料(如硅等)禁带宽度的一束光线垂直入射到 p-n 结表面时,光子将在离表面一定深度 $1/\alpha$ 的范围内被吸收,α 为光吸收系数。光子的能量足以把价带中价电子的价键打断,使它成为自由电子,从价带跃迁到导带,同时在价电子的位置上留下一个空穴,形成光生电子—空穴对。如 $1/\alpha$ 大于 p-n 结厚度,入射光在结区及结附近的空间激发电子—空穴对。产生在空间电荷区内的光生电子与空穴在结电场作用下分离,产生在结附近扩散长度范围内的光生载流子扩散到空间电荷区,也在电场作用下分离,在 p-n 结两侧集聚形成了电位差。当外部接通电路时,在该电压的作用下,n 区的空穴漂移到 p 区,p 区的电子漂移到 n区,形成了自 n 区向 p 区的光生电流,电流流过外部电路产生一定的输出功率,完成光子能量转换成电能的过程。

半导体材料中存在着被称为价带(E_v)和导带(E_c)的能带,两个带之间相隔一个间隙,称为带隙,用 E_g 表示。由光生载流子漂移并堆积形成一个与热平衡结电场方向相反的电场($-q_v$),并产生一个与光生电流方向相反的正向结电流,它补偿结电场,使势垒降低为 $q_{VD}-g_v$(g_{VD} 指热平衡结内建电场)。当光生电流与正向结电流相等时,p-n 结两端建立稳定的电势差,即光生电压。p-n 结开路时,光生电压为开路电压。开路电压的最大值由内建电场 g_v 决定,即取决于 p、n 区的费米能级之差。如外电路短路,p-n 结正向电流为零,外电路的电流为短路电流,理想情况下也就是光电流。

能产生光伏效应的材料有许多种,如单晶硅、多晶硅、非晶硅、砷化镓、铜硒铟等。它们的发电原理基本相同。

四、几类太阳能电池

太阳能电池技术的发展可以追溯到 19 世纪。早在 1839 年法国物理学家贝克勒耳就发现了光生伏特效应。1954 年美国贝尔实验室研发出第一块单晶硅太阳能电池,太阳能电池技术获得重大进展。1958 年,太阳能电池首次应用于航天器,装备在美国的人造地球卫星"先锋一号"上,开始了太阳能电池在航天领域的应用。现在,各式各样的卫星和空间飞行器上都装上了布满太阳能电池的"翅膀",使它们能够在太空中长久遨游。20 世纪 70 年代初,硅太阳能电池开始在地面应用。1975 年,美国科学家研制出非晶硅太阳能电池。1980 年,日本三洋电器有限公司进行了非晶硅的规模化生产,太阳能电池在世界上先进的计算器、手表等电子产品上的应用逐渐流行起来。从 20 世纪 80 年代起,太阳能电池效率大幅度提高,生产成本进一步降低,个人住宅和公共设施中的太阳能电池安装也得到了很大的推进。用硅来制备太阳能电池不存在原料问题,但提炼单晶硅却不容易。因此,人们在生产单晶硅太阳能电池的同时,又研制了多晶硅太阳能电池和非晶硅太阳能电池。20 世纪 90 年代末,多晶硅太阳能电池大量增加,夺走了单晶硅太阳能电池产量第一的位置。单晶硅和多晶硅太阳能电池的产量合计约占世界太阳能电池产量的 80%。

目前用于太阳能电池的材料,根据制造方法的不同,有不同的种类。除硅系列外,还有许多半导体化合物,如砷化镓、铜铟硒、碲化镉等,以及有机物等都可用于制备太阳能电池。太阳能电池根据采用不同的材料类型可分为硅系、化合物半导体系和有机系三大类。硅系太阳能电池又可分为单晶硅、多晶硅等结晶型太阳能电池和非晶硅、微晶硅等薄膜型太阳能电池;化合物半导体太阳能电池则可分为化合物薄膜系和化合物结晶系太阳能电池,分别有铜铟镓硒/铜铟硒(CIGS/CIS)、Ⅱ－Ⅵ族(CdTe、CdS 等)和Ⅲ－Ⅴ族(GaAs 等)太阳能电池;而有机系太阳能电池又分为有机半导体系太阳能电池和染料敏化太阳能电池。

(一)晶体硅太阳能电池

晶体硅太阳能电池是光伏发电(简称 PV 系统)市场上的主导产品。1997 年单晶硅太阳能电池的产量最多,84% 的太阳能电池及组件是采用晶体硅制造的。晶体硅电池既可用于空间,也可用于地面。由于硅是地球上储量第二大的元素,人们对它作为半导体材料的研究很多,技术也很成熟,而且晶体硅性能稳定、无毒。因此晶体硅成为太阳能电池研究开发、生产和应用中的主体材料。在早期晶体硅太阳能电池的研究中,人们探索各种各样的电池结构和技术来改进电池性能,如背表面场、浅结、绒面、Ti/Pd金属化电极和减反射膜等。由于采用许多新技术,晶体硅太阳能电池的效率有了很大的提高,其本身也获得了很大的发展,后来的高效电池就是在这些早期实验和理论基础上发展起来的。

1. 单晶硅太阳能电池

单晶硅太阳能电池是开发得最早、最快的一种太阳能电池,其结构和生产工艺已定型,产品已广泛应用于空间和地面。目前单晶硅太阳能电池的光电转换效率为15%～18%,也有可达20%以上的实验室成果。其典型代表是美国斯坦福大学的背面点触电池、新威尔士大学的钝化发射区电池及德国 Fraumhofer 太阳能研究所的局域化背表面场电池以及埋栅电池等。提高转化效率主要是靠单晶硅表面微结构处理和分区掺杂工艺。晶体硅太阳电池是近15年来形成产业化最快的,其生产过程大致可分为提纯、拉棒、切片、电池制作和封装5个步骤。

这种太阳能电池以高纯的单晶硅棒为原料,纯度极高,要求达到99.999%。为了降低生产成本,现在地面应用的太阳能电池主要采用太阳能级的单晶硅棒,材料性能指标有所放宽。目前可使用半导体器件加工的头尾料和废次单晶硅材料经过复拉制成太阳能电池专用的单晶硅棒。

硅主要是以 SiO_2 形式存在于石英和沙子中。它的制备主要是在电弧炉中用碳还原石英砂而成。该过程能量消耗很高,约为 $14kW \cdot h/kg$。典型的半导体硅的制备过程是采用粉碎的冶金级硅在流化床反应器中与 HCl 气体混合并反应生成三氯氢硅($SiHCl_3$)和氢气。由于 $SiHCl_3$ 在30℃以下是液体,因此很容易与氢气分离。接着,通过精馏使 $SiHCl_3$ 与其他氯化物分离,经过精馏的 $SiHCl_3$ 的杂质水平可低于 10^{-12}(质量分数)电子级硅的要求。提纯后的 $SiHCl_3$ 通过化学气相沉积原理制备出多晶硅锭。

在加工工艺中,要求将单晶硅棒切成硅薄片,薄片厚度一般约为0.3mm。硅薄片经过成型、抛磨、清洗等工序,制成待加工的原料硅片。在加工太阳能电池薄片时,要在硅片上进行微量掺杂,并进行扩散处理。一般掺杂物为微量的硼、磷、锑等,而扩散是在石英管制成的高温扩散炉中进行的,在硅片上形成 p-n 结。然后采用丝网印刷法,将精配好的银浆印在硅片上做成栅线,经过烧结,同时制成背电极,并在有栅线的面上涂覆减反射膜,以防止大量的光被光滑的硅片表面反射掉。至此,单晶硅太阳能电池的单体片就制成了。单体片经过抽查检验,即可按所需要的规格组装成太阳电池组件(太阳电池板),用串联和并联的方法构成一定的输出电压和电流。用户通过系统设计可将太阳能电池组件组成各种大小不同的太阳能电池方阵,亦称太阳能电池阵列。

2.多晶硅太阳能电池

单晶硅太阳能电池转换效率无疑是最高的,在大规模应用和工业生产中仍占主要地位,但由于单晶硅太阳能电池的生产需要消耗大量的高纯硅材料,而且制造这些材料的工艺复杂,耗电量很大,在太阳能电池的生产总成本中已超过一半。另外,拉制的单晶硅棒一般呈圆柱状,因而切片制作的太阳能电池也是圆片状,使得制备太阳能电池组件的平面利用率低。

为了节省高质量材料,寻找单晶硅电池的替代产品,现在发展了薄膜太阳能电池,其中包括多晶硅薄膜太阳能电池、非晶硅薄膜太阳能电池、铜硒铟和碲化镉薄膜太阳能电池。多晶硅薄膜太阳能电池由于所使用的硅量远较单晶硅少,又无效率衰减问题,并有可能在廉价底材上制备,其成本预期远低于单晶硅太阳能电池。多晶硅太阳能电池实验室效率已达 18%,而且效率高于非晶硅薄膜太阳能电池。因此,自 20 世纪 80 年代铸造多晶硅发明和应用以来,增长十分迅速。它以相对低成本、高效率的优势不断挤占单晶硅市场,成为最有竞争力的太阳能电池材料,21 世纪初已占到 50% 以上,成为最主要的太阳能电池材料,多晶硅薄膜电池将会在太阳能电池市场上占据主导地位。

浇铸多晶硅技术是降低成本的重要途径之一,该技术省去了昂贵的单晶拉制过程,也能用较低纯度的硅作投炉料,材料及电能消耗方面都较节省。浇铸多晶硅的铸锭工艺主要有定向凝固法和浇铸法两种。定向凝固法是将硅料放在坩埚中加以熔融,然后将坩埚从热场中逐渐下降或从坩埚底部通上冷源以造成一定的温度梯度,使固液界面从坩埚底部向上移动而形成晶锭。浇铸法的工艺过程是选择电阻率为 $100\sim300\Omega \cdot cm$ 的多晶块料或单晶硅头尾料,经破碎,用 1∶5 的氢氟酸和硝酸混合液进行适当的腐蚀,然后用去离子水冲洗呈中性,并烘干。用石英坩埚装好多晶硅料,加入适量硼硅,放入浇铸炉,在真空状态下加热熔化,熔化后再保温约 20min,然后注入石墨铸模中,待慢慢凝固冷却后,即得多晶硅锭。这种硅锭可铸成立方体,以便切片加工成方形太阳能电池片,可提高材料利用率和方便组装。

硅片加工技术是采用内圆切片机将常规的硅片切割,其切损为 $0.3\sim0.35mm$,使晶体硅切割损失较大,且大硅片不易切得很薄。现在多用线切割机,切损只有 $0.22mm$,硅片可切薄到 $0.2mm$,且切割损伤小。也有人建议用电解液和激光束的方法进行切割。

目前,制备多晶硅薄膜的工艺方法主要有以下几种:化学气相沉积法、等离子体增强化学气相沉积法、液相外延法和等离子体溅射沉积法。化学气相沉积法是将衬底加热到适当的温度,然后通以反应气体(如 Si_2、Cl_2、$SiHCl_3$ 等),在一定的保护气氛下反应生成硅原子,并在衬底表面沉积 $3\sim5\mu m$ 厚的硅薄膜。这些反应的温度较高,通常在 $800℃\sim1200℃$ 之间。等离子增强化学气相沉积法是在非硅衬底上制备晶粒较小的多晶硅薄膜的一种方法。硅粉在高温等离子体中熔化,熔化的粒子沉积在衬底上,等离子体由氩和少量的氢构成,沉积多晶薄膜厚度为 $200\sim1000\mu m$。该薄膜是一种 PIN 结构,主要特点是在 p 层和 n 层之间有一层较厚的多晶硅的本征层(Ⅰ层)。该方法的制备温度低($100℃\sim200℃$),制得晶粒小。但存在生长速度太慢以及薄膜极易受损等问题,有待今后研究改进。液相外延法就是通过将硅熔融在母液里,降低温度使硅析出成膜的一种方法。液相外延法可使硅在平面和非平面衬底上生长,以获得结构完美的材料。

除了上述制备薄膜的方法外,在用多晶硅薄膜制备太阳能电池器件方面,人们也采取了一系列工艺步骤,以提高效率。这些工艺步骤包括:衬底的制备和选择、隔离层的制备、籽晶层或匹配层的制备、晶粒的增大、沉积多晶硅薄膜、制备 p-n 结、光学限制(上下表面结构化,上下表面减反射)、电学限制(制备背场和前后电极的欧姆接触)、制备电极钝化(晶粒间界的钝化和表面钝化)。目前,几乎所有制备单晶硅高效电池的实验室技术均已用在制备多晶硅薄膜太阳能电池的工艺上,甚至还包括一些制备集成电路的方法和工艺。

多晶硅电池与单晶硅相同,性能稳定,也主要用于光伏电站建设,作为光伏建筑材料,如光伏幕墙或屋顶光伏系统。多晶结构在阳光作用下,由于不同晶面散射强度不同,可呈现不同色彩。此外,通过控制氮化硅减反射薄膜的厚度,可使太阳能电池具备各种各样的颜色,如金色、绿色等,因而,多晶硅电池具有良好的装饰效果。

（二）非晶体硅及微晶硅薄膜太阳能电池

非晶硅对太阳光的吸收系数大，因而非晶硅太阳能电池可以做得很薄。最具代表性的材料是氢化非晶硅（α-Si：H），其物性上的最大特点是禁带宽度通常为 $1.7\sim1.8eV$，比结晶硅要宽，使其在可见光范围内具有相当大的光吸收系数。也就是说，仅 $1\mu m$ 以下的厚度就可以吸收可见光范围内的太阳光子。通常硅膜厚度仅为 $1\sim2\mu m$，大约是单晶硅或多晶硅电池厚度的 $1/500$，所以制作非晶硅电池资源消耗少。在太阳能电池使用的 α-Si：H 中化合氢的含量，用原子百分数表示约占 10%，这些氢原子会直接对悬空键缺陷进行补偿，或者缓和坚固的四配位网络，以达到低缺陷密度。

非晶硅太阳能电池一般是用高频辉光放电等方法使硅烷气体分解沉积而成。辉光放电法是将石英容器抽成真空，充入氢气或氩气稀释的硅烷，用射频电源加热，使硅烷电离形成等离子体，非晶硅膜沉积在被加热的衬底上。若硅烷中掺入适量的氢化磷或氢化硼，即可得到 n 型或 p 型的非晶硅膜。衬底材料一般用玻璃或不锈钢板。这种制备非晶硅薄膜的工艺主要取决于严格控制气压、流速和射频功率，衬底的温度也很重要。由于分解沉积温度低（200℃左右），因此能量消耗少，成本比较低。这种方法比较适合于大规模生产，且单片电池面积可以做得很大（例如 $0.5m\times1.0m$），整齐美观。非晶硅电池的另一特点是它可以做在玻璃、不锈钢板、陶瓷板，甚至柔性塑料片等基板上，还可以制成建筑屋顶用的瓦状太阳能电池，应用前景广阔。

非晶硅中的原子排列缺少结晶硅中的规则性，因而在单纯的非晶硅 p-n 结中缺陷多，使得隧道电流往往占主导地位。这种材料一般呈电阻特性，而无整流特性，也就不能制作太阳能电池。为此要在 p 层与 n 层之间加入较厚的本征层 I，以扼制其隧道电流，因此非晶硅太阳能电池一般具有 PIN 结构。为了提高效率和改善稳定性，有时还制作成多层结构式的叠层电池，或是插入一些过渡层。

非晶硅太阳能电池是在玻璃、不锈钢片或塑料等衬底上沉积透明导电膜，然后依次用等离子体反应，先沉积一层掺磷的 n 型非晶硅，再沉积一层未掺杂的 I 层，然后再沉积一层掺硼的 p 型非晶硅，最后用电子束蒸发一层减反射膜，并蒸镀金属电极铝。此种制作工艺可以采用一连串沉积室，在生产中构成连续程序，以实现大批量生产。太阳光从玻璃面入射，电池电流则从透明导电膜和铝中引出。在非晶硅太阳能电池中可采用非晶硅窗口层、梯度界面层、微晶硅 p 层等来明显改善电池的短波光谱响应,以增加光在层中的吸收以及分段吸收太阳光,达到拓宽光谱响应,提高转换效率的目的。

非晶硅太阳能电池很薄,制成叠层式,或采用集成电路的方法制造,在一个平面上用适当的掩模工艺一次制作多个串联电池,以获得较高的电压。在提高叠层电池效率方面还可采用渐变带隙设计、隧道结中的微晶化掺杂等,以改善对载流子的收集。

非晶硅由于其内部结构的不稳定性和大量氢原子的存在,具有光疲劳效应(又称为光辐射性能衰退效应)。即非晶硅经过长期光照后,其光电导和暗电导同时下降,光电转换效率会大幅衰退,衰退的程度约为 10%~30%。光照下非晶硅太阳能电池的长期稳定性存在问题,是其实用化的最大障碍。关于这一问题,虽有所改善,但尚未彻底解决。解决光辐射性能衰退效应,一般是使用多层堆叠排列方式形成多层式薄膜太阳能电池元件,也有使用光浴处理以及 150℃~200℃ 的短时间热处理,使非晶硅薄膜太阳能电池的转换效率回复稳定。

目前,非晶硅太阳能电池的研究主要着重于提高非晶硅薄膜本身的性能,特别集中于减少缺陷密度,控制各层厚度,改善各层之间的界面状态以及精确设计电池结构等方面,以获得高效率和高稳定性。

在薄膜的生长过程中,如果供给高密度原子状态的氢,则非晶薄膜就会形成 Si 的结晶微粒(尺寸为直径数纳米至数十纳米),这样的材料称为微晶硅。在光学性质上,微晶硅可得到非晶与结晶中间的特性,由于在基底上结晶粒具有较高的制膜效率,因此可得到低电阻(高导电率)特性。微晶硅的低光吸收和高光导电率特性,在 α-Si：H 太阳能电池中作为电极或者窗口一侧的结合层来利用。近期研究表明,微晶硅太阳能电池几乎没有光致衰退现象,应用在电池中也几乎不受后氧化的影响,而且微晶硅的光谱吸收特性与非晶硅具有一定的互补性,应用于叠层电池可以获得更高效率的电池。

根据各层沉积顺序的不同,微晶硅太阳能电池可分为 pin 和 nip 型两种结构,由于其制膜顺序完全相反,各有自己的特点。pin 结构用的是与非晶相类似的集成化技术,有可能形成超级线性集成结构,这是其优点。nip 结构可以沉积在不锈钢和塑料等不透明的柔性衬底上,大大扩展了微晶硅太阳能电池的应用范围,同时,由于不受氢还原的影响,在高温下也可以成膜,扩大了最佳条件宽度。在微晶硅的沉积过程中,随着厚度的增加,薄膜会发生从非晶相到微晶相的转变,当沉积条件靠近微晶/非晶相变区时,这种结构演变更加明显。微晶硅薄膜结构不仅依赖于沉积条件,还强烈依赖于衬底状况。

由微晶硅薄膜太阳能电池和非晶硅薄膜太阳能电池组合成非晶/微晶硅叠层电池,一方面可以将分光响应不同的电池片进行组合,吸收更宽幅度的光谱,更有效利用光;另一方面也提高了电池的开路电压和稳定性,同时用 α-Si 系材料时所观察到的,由于光致衰减效应引起的光电转换效率下降也得到某种程度的抑制。与非晶硅薄膜太阳能电池形成两层或多层接合的太阳能电池,转换效率可提升到 10%～12%。

(三)有机系太阳能电池

目前用作太阳能电池的材料主要有单质半导体材料、无机陶瓷半导体材料和固溶体。因为无机材料发展起步早,所以研究比较广泛。但是由于无机半导体材料本身的加工工艺非常复杂,材料要求苛刻且不易进行大面积柔性加工,以及某些材料具有毒性,大规模使用会受到成本和资源分布的限制。人们在 20 世纪 70 年代起开始探索将一些具有共轭结构的有机化合物应用到太阳能电池,从而发展了有机系太阳能电池。有机系太阳能电池具有以下几个优点:①有机化合物的种类繁多,有机分子的化学结构容易修饰,电池材料易于选择;②化合物的制备提纯加工简便,设备成本低,通过纳米化学技术,有机材料吸收层会自动合成,不像无机薄膜电池那样需要昂贵的镀膜设备,价格也比较便宜;③原材料用量少,有机太阳能电池只需要 100nm 厚的吸收层就可以充分吸收太阳光谱,而晶体硅电池需要 200～300μm 的半导体吸收层,无机柔性电池和无机薄膜电池也需要 1～2μm 的半导体吸收层;④电性能可调,可以按照需要合成有机物质,以调节吸收光谱和载流子的输运特性;⑤用于制作电池的材料结构类型可以多样化,适于制作大面积柔性光伏器件。有机系太阳能电池制造工艺简单、成本低廉、可以卷曲、适宜制成大面积的柔性薄膜器件,拥有未来成本上的优势以及资源的广泛分布性。

五、光伏电池新技术

太阳能电池要成为能源的主要组成部分,目前仍有很大的难度,主要困难是现有太阳能电池的价格与常规能源相比过于昂贵,太阳能电池的高价限制了它的应用和发展。只有光伏发电的价格与常规商用电价可比拟,才有可能实现太阳能电池的大规模应用。光伏发电成本中,从并网发电而言,电池的成本是主要的,因此提供廉价的或高性价比的太阳能电池是光伏发电应用和发展的基本要求和关键。

　　除了通过现有电池产品生产的标准化、自动化和规模化来降低电池成本外,从研发的角度主要通过两个途径解决:一是降低现有电池的生产成本,主要是降低原材料与能耗的成本,因此发展低成本硅材料的制备技术,正是目前硅材料产业界发展的重要方向。如通过减薄晶硅衬底的厚度来降低材料成本,是一直进行着的低成本技术途径。降低成本的另一途径是要发展低温、低成本制备的薄膜电池技术。薄膜太阳能电池在降低制造成本上有着非常广阔的诱人前景,可以在廉价的玻璃衬底或柔性衬底(不锈钢、塑料)上制备各类薄膜电池,如硅基薄膜(非晶硅、微晶硅)电池、铜铟(镓)硒电池、碲化镉电池、有机聚合物电池和染料敏化太阳能电池等。实现廉价太阳能电池的另一个思路是提高太阳能电池的光电转换效率,即提高电池的性价比,高效新型太阳能电池技术的发展是降低光电池成本的另一条切实可行的途径。

　　要提高太阳能电池的转换效率,必须先搞清楚入射到电池表面的太阳能都耗散到什么地方去了。

　　首先,热力学理论指出,任何物体吸收热量之后都不可能百分之百地用来做功。假设太阳是 6000K 的黑体,环境温度为 300K,由热力学定律决定的转换效率极限为 86.8%,除非有新的转换机制引入,可以使光—电转换的过程摆脱热力学机制的限制,否则上述效率被视为太阳能电池转换效率的理论极限,即卡诺极限。在热力学细致平衡原理的基础上,人们根据 Shockley-Queisser 理论,计算了简单 p-n 结太阳能电池转换效率的极限,通过理想电池 Shockley-Queisser 极限效率与带隙宽度的关系,可以选择合适的光伏材料,推算实际太阳能电池的效率极限。

　　接下来的能量损耗机制需要从半导体能带的角度来解释。标准太阳能电池主要有五种跟能带理论相关的能量损失机制(图 3-3)。其中,最主要的就是晶格热振动损失和非吸收损失。光电转换主要有以下过程:①入射的太阳光子具有广泛的能量分布,而在半导体内电离出一个电子—空穴对需要的能量等于材料的禁带宽度。对于能量较低的光子,往往无法激发有效的载流子,因此在晶体内的吸收系数也较低,这部分光子无法被电池有效利用,影响电池的效率,即形成所谓的非吸收损失。②对于能量较高的光子,除了可以激发出电子—空穴对之外,还有多余的能量赋予这些电子和空穴,使这些电子和空穴被激发到较高的能态,通俗地说,就是它们具有了高于晶格的"温度"。它们在穿过 p-n 结形成电流之前,往往已经跟晶格发生热交换,损失了多余的能量,高能量光子的光电转换作用受到抑制,这就是晶格热振动损失。③电子与空穴分离后,分别向 n 区和 p 区输运。④结压降和接触电极上的压降。⑤有限迁移率引起输运过程中的复合损失。上述过程③~⑤与材料性质有关,而①~②主要与器件设计相关。

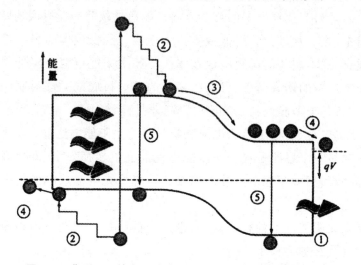

图 3-3　典型 p-n 结太阳能电池的光电转换及能量损失分析
①非吸收损失;②晶格振动损失;③结损失;④接触损失;⑤复合损失

结合单结电池效率损失分析可以看出,提高电池效率的基本出发点为:①充分吸收太阳光谱,尽可能实现电池吸收光谱与太阳光谱的匹配;②光伏转换不再局限于单一的基态到单一激发态的光吸收过程;③充分利用每个光子的能量,提高每个光子所做的输出功;④通过光子能量的再分布,拓宽电池吸收光谱范围。基于上述基本考虑,高效光电转换的新思路新概念被广泛提出,目前提出的新概念的光伏器件可分为以下几类。

(一)以充分吸收太阳光谱为主的多能带电池

电池效率和吸收光谱范围密切相关。太阳的光谱曲线涵盖了从 $0.3\mu m$ 的紫外区到 $4\mu m$ 以上的红外区很宽的光谱范围。任何一种材料,鉴于其固定的带隙或有限可调范围,它的吸收光谱响应绝不会覆盖太阳光那么宽的光谱区间。对于单结电池而言,由于不吸收能量小于带隙宽度的光子,处于高能态电子由于热弛豫而损失能量,回落到带边。而对于一个双带隙组合的双结电池来说,窄带隙的电池可使吸收波长红移,较宽带隙的电池则吸收高能量的光子,降低了高能电子的能量损失,拓展了电池的吸收光谱。被组合的电池数目越多,电池组合的吸收光谱越接近太阳光谱。如果太阳光谱的光子都能被具有相应带隙宽度的理想电池吸收,电池组的吸收光谱与太阳光谱将有很好的匹配,每个电池高能态载流子的能量损失可降低到最小,电化学势的输出接近光子的能量,电池将有高的转换效率。

因此,采用不同禁带宽度的电池组合成新的结构来拓展电池对太阳光谱的吸收范围,可以实现电池的高效率,由此发展出多结叠层电池和中间带电池等,并已成为第三代电池理论和实验研究的重要方向。叠层太阳能电池是在衬底材料上按禁带宽度由小往大的顺序制作不同材料的薄膜太阳能电池。太阳光先通过最上一层电池,具有较高能量的光子被有效利用,电离出电子空穴对,被正负极收集形成电流。而其余较低能量的光子则透过上层电池进入下一层。以此类推,如果能够设置无限层太阳能电池,而又有效避免各层之间的耦合,堆叠太阳能电池的理论转换效率可以接近86.8%的卡诺极限。

叠层电池的概念已成功应用于不同材料的电池制备,其中Ⅲ-Ⅴ族化合物半导体叠层电池的研究已取得了重要的进展,三层的堆叠电池已应用于太空船上,非晶硅和非晶锗硅合金薄膜电池、有机聚合物电池和染料敏化太阳能叠层电池等的研究也在进行中。叠层电池的设计和制备需要考虑电流的连续性和电池间的连接,其关键点是不同带隙宽度的组合。虽然电池数量的增加可提高电池效率,但伴随的是复杂的工艺及成本的增加,因此在实际中要考虑叠层组合的电池数量。

中间带太阳能电池基于中间带材料的概念而提出的,它不是由不同带隙宽度材料组成的电池,而是在单一材料的价带、导带能隙中引入一个中间能带 E_i。传统半导体的禁带中不存在能带,实验证实通过一些方法可以在禁带中形成中间能带(或能级),这中间带或能级可以是杂质带、孤对电子带或者低维超晶格形成的多能带结构,例如在半导体中掺入过渡金属或嵌入致密的量子点阵列。中间带材料的能带结构,当光照射时,电子可以吸收一个高能光子直接从 VB 跃迁到 CB,也可以分别吸收两个低能光子从 VB 经由中间带(IB)再进入 CB 中,可见 IB 起到了电子的跳板或台阶的作用,能增加材料对长波段光子的吸收。

制造中间带太阳能电池时需要把 IB 材料夹在传统的 p 型和 n 型半导体之间,使其与电极隔开,这样在电子从导带被提取到 n 区,空穴从价带被提取到 p 区时,载流子不会通过中间带被收集。因此,IB 在提高电池 Jsc 的同时不会降低 Voc,Voc 仍由主体材料的带隙决定。此外还有一些其他要求,首先,中间带必须是辐射复合中心,以减少热损失;其次,为了使电子顺利地通过 IB 跃迁,IB 还应当是部分填满的(可通过掺杂获得);最后,各带间跃迁的光吸收系数是有选择性的,满足 VB 到 CB 的吸收系数最大,IB 到 CB 的吸收系数最小。形成中间能带的,是太阳能电池中散布的微细"颗粒",即"量子点"。通过调整量子点的大小及形状,还可设置多个中间能带。这样一来,便可吸收更广泛波长的光能。量子点—中间带太阳能电池的实验研究是第三代太阳能电池研究的活跃领域之一。

(二)以提高每个光子转换效率为主的热载流子太阳能电池和碰撞电离电池

单结电池一种重要的能量损失机制就是高能量光子激发产生的热载流子的热化损失。这些"热载流子"在被激发之后的约几个皮秒的时间内,首先通过载流子之间的碰撞达到一定的热平衡。这种载流子之间的碰撞并不造成能量损失,只是导致能量在载流子(电子、空穴)之间重新分配。随后,经过几个纳秒的时间,载流子才与晶格发生碰撞,把能量传给晶格。而光照几个微秒以后,如果电子和空穴不能被有效分离到正负极,它们就会重新复合。不论入射光子能量有多大,由带隙宽度决定的输出电压是一样的,即使能量大于带隙宽度 2 倍甚至 3 倍的入射光子也仅产生一个电子—空穴对,能量的损失是显而易见的。采用不同带隙的电池组合来抽取不同能量的光生载流子以获得最大的电压输出是减少能量损失的一种方案。另一种思路是,热载流子的直接输出,以充分利用热载流子能量,获得高的电压输出,这就要求热载流子在其冷却之前就被电极收集。实际上就是载流子的热化时间与抽出时间快慢的竞争,因此如果设法加快载流子的抽出,或减缓载流子与声子相互作用的热化过程,载流子就有可能仍处于较高能态时就被抽出,从而获得较高的开路电压。还有一个可能就是较高能量的热载流子与晶格碰撞电离,产生量子效率大于 1 的离化结果,从而获得较大的电流输出。

热载流子电池的关键是热载流子的产生、分离、输运及收集的时间必须小于它的热化时间(或冷却时间),保证载流子尚处在"热"的状态下完成被收集的效果,另外为了防止热载流子与电极的相互作用,使热载流子很快地冷却,希望是等熵的输出过程。因此,为了在电子和空穴冷却之前把热载流子收集到正负极,吸收层必须做到很薄,差不多为几十纳米。有报道说如果采用超晶格结构作为吸收层可以延缓载流子冷却,因而可以增加吸收层的厚度,提高对光的吸收。电极连接点的设计成为热载流子电池的关键。连接点内的载流子具有与晶格相同的温度，如果光生载流子直接进入接触点，则会被冷却而损失能量。所以一般电极连接点需要采用共振隧穿器件或者特殊能带结构的半导体材料。

热载流子电池理论上可以达到多层堆叠电池相同的转换效率，而其制作步骤又相对较少，非常具有降低成本的潜力，但在材料的制备方法上尚存在一些问题。碰撞电离是热载流子可能提高转换效率的另一物理过程。碰撞电离太阳能电池除了有与热载流子相同的要求外，电子—空穴对的倍增效应还需满足能量和动量守恒。

（三）建立在热光电和热光子基础上的光电转换器

实际太阳能电池达不到极限效率的原因之一，就是太阳光中能量低于 E_g 的光子不能被吸收，而高能量光子的能量大部分给晶格"浪费"掉了，有效利用太阳光谱的另一新思路就是所谓的热光伏电池技术。

在热光伏电池光电转换系统中，太阳光不是直接照射到电池表面，而是辐照到一个中间吸收/发射体上。这个吸收/发射体被加热后，再以特定波长辐射到电池表面，实现光电转换产生电能。吸收体既被加热又反射光子，此时太阳（也可是其他热源）与电池之间的能量是通过这个吸收/发射体传递的。该受热发射体吸收能量流密度为 $I_{E,s}$ 的太阳能而被加热，温度升高，并以黑体辐射的方式反射光子。热吸收/发射体的温度比太阳温度低，因此其发射光子的平均能量下降，电池吸收较低能量的光子可减少高能载流子的热化损失，即使能量低于电池带隙宽度的光子不能被电池吸收，这些低能光子可被电池全部反射回热吸收/发射体，可望提高转换效率。为了使发射体光谱与电池吸收有更好的能量匹配，可考虑在发射体和电池之间加一个适当的窄带通的滤光片或光谱控制器。

热光伏电池的优势在于设计发射体发射光子的能量略大于电池的带隙宽度，可减少和避免常规电池中载流子热化损失。未被电池吸收的光子及电池辐射复合发射的光子是没有损失的，它们可以被吸收/发射体再吸收，保持热发射体的温度，再发射到电池，实现了光子的循环。此外，通过选择发射体温度或增加理想的窄带滤光片，可调节发射体的发射光谱，使其与电池光谱匹配。

近年来，围绕光电池材料、转换效率和稳定性等问题，光伏技术发展迅速，日新月异。光伏领域中对于太阳能电池发展历程普遍接受的划分方法是"三代太阳能电池"，即第一代晶体硅太阳能电池（以单晶硅片、多晶硅片为基础),第二代异质衬底上的薄膜太阳能电池(例如玻璃衬底上的多晶硅薄膜太阳能电池)和第三代高效太阳能电池。

晶体硅太阳能电池的研究重点是高效率单晶硅电池和低成本多晶硅电池。限制单晶硅太阳能电池转换效率的主要技术障碍有电池表面栅线遮光影响、表面光反射损失、光传导损失、内部复合损失、表面复合损失等。针对这些问题,近年来开发了许多新技术,主要有单双层减反射膜、激光刻槽埋藏栅线技术、绒面技术、背点接触电极克服表面栅线遮光问题、高效背反射器技术、光吸收技术等。随着这些新技术的应用,发明了不少新的电池种类,也极大地提高了太阳能电池的光电转换效率。刻槽埋栅电极单晶硅太阳能电池因其埋栅电极的独特结构,使电极阴影面积由常规电池的 $10\%\sim15\%$ 下降至 $2\%\sim4\%$,短路电流可上升 12%,同时槽内采用重扩散,使金属—硅界面的面积增大,接触电阻降低,从而使填充因子提高了 10%。这种电池的制作,既保留了高效电池的特点,又省去了高效单晶电池制作中的光刻等工艺,使得刻槽埋栅电极电池在保持高转换效率和适合大规模生产方面成为连接实验室高效单晶硅太阳能电池和常规电池生产之间的纽带。

第三代太阳能电池具有薄膜化、低成本、超高效率等突出优点,兼顾高效率和低制造成本,是当前光伏应用领域重要的发展方向,实现第三代光电转换技术的理论概念及其工艺方法已成为当前的热点研究问题,若能够获得成功,将会对整个太阳能电池领域的发展起到里程碑式的贡献。

第四章　储能原理与材料应用研究

能量的存储不仅是能源技术的最重要属性,也是能源利用中的重要环节。在能源的开发、转换、运输和利用过程中,能量的供应和需求之间往往存在数量、形态和时间的差异,为了弥补这些差异,有效地利用能源,常常采用储存和释放能量的人为过程和技术手段,这就是储能技术。按照储存状态下能量的形态,可分为机械储能技术、化学储能技术、电池储能技术、风能储存和水能储存技术等。作为与能源材料相关的重要内容,本章主要介绍锂离子电池及材料、超级电容器及材料以及储氢材料。

第一节　储能电池的电化学原理

储能电池是指利用电化学反应的可逆性构建可逆充放电电池,应用于可再生能源包括太阳能、风能、潮汐能等的电化学能量存储装置。特别是随着新能源技术和智能电网产业的快速发展,发展储能电池已成为非常重要的研究课题。

一、储能电池的发展

一般而言,储能电池是由数个电化学电池以串联或并联的方式组成来提供所需要的电压和容量的。每一个电池则是由参与电化学反应的正极和负极以及溶解有电解质的电解液来构成。常见的电池主要包括铅酸电池、镍镉电池、镍氢电池、锌锭电池、锂离子电池、钠硫电池以及全机液流电池等。

早在 1859 年所发明的铅酸电池作为研究较早和应用较广泛的二次电池,主要是由金属铅、铅氧化物以及含有约 37% 硫酸的电解液构成。相应的电化学反应为负极反应:$Pb + SO_4^{2-} \leftrightarrow PbSO_4 + 2e^-$;正极反应:$PbO_2 + SO_4^{2-} + 4H^+ + 2e^- \leftrightarrow PbSO_4 + 2H_2O$。铅酸电池具有成本低($300 \sim$

600/kW·h)、可靠性高以及效率高(70％～90％)等优势。但是较低的循环次数(500～1000 圈)、较低的能量密度(30～50 Wh/kg)以及低温性能差等缺点限制了铅酸电池的使用范围。

1899 年人们发明了镍镉电池,相应的电化学反应为 $2Ni(OH)+Cd+2H_2O \leftrightarrow 2Ni(OH)_2+Cd(OH)_2$。镍镉电池具有能量密度高(50～75 Wh/kg)、稳定性好等优点。镍镉电池的主要缺点是成本相对较高($1000/kW·h)、污染程度较高、记忆效应高和循环次数相对较低(2000～2500 圈)。因此,在此基础上又发展了镍氢电池。镍氢电池主要采用碱性电解液,以 $Ni(OH)_2$ 为正极,储氢合金为负极,具有比镍镉电池等更高的比能量。镍氢电池作为动力型蓄电池具有更好的优势,目前在电动汽车上的应用研究已经广泛开展。但是,低温时容量减小和高温时充电耐受性差以及成本较高等局限性制约了镍氢电池的发展。

早在 20 世纪 60 年代,关于锂离子电池的研究就已经开展。直到 20 世纪 90 年代,Bell 实验室开发出了石墨负极来替代金属锂负极,进一步缓解了锂电池的安全性问题,从而开始了锂离子电池的商业化进程。锂离子电池可以视作锂离子浓差电池,相应的正负极材料为锂离子可逆脱嵌的活性材料,正极一般以钴酸锂、磷酸铁锂、锰酸锂为代表,负极则主要是以石墨为代表的碳基材料。与上述其他电池相比较,锂离子电池具有工作电压高、能量密度大、环境友好、无记忆效应等优点。随着电动汽车与大规模储能技术的快速发展,我们对锂离子电池的功率密度、能量密度以及安全性等技术参数提出了更高的要求,其中锂—硫电池和锂—空气电池由于具有更高的能量密度,有望代替传统锂离子电池而受到广泛的关注和研究。

超级电容器技术建立在 1879 年德国物理学家亥姆霍兹所提出的双电层理论基础上,利用多孔材料/电解质之间的双电层或在电极界面上发生快速、可逆的氧化还原反应来储存能量。超级电容器具有比功率高、瞬间可以释放大电流、循环寿命长等优点。除此之外,钠硫电池与全钒液流电池则主要应用于大规模储能方面,具有很大的应用潜力,在此不做赘述。在下文中,我们主要选取锂离子电池和超级电容器为例来展开叙述。

二、储能电池工作原理简介

储能电池是一种通过电化学反应来存储及释放能量的电化学装置。一般都包括正极、负极、隔膜及电解液等基本组成部分。化学能转变成电能

（放电）以及电能转变为化学能（充电）都是通过电池内部两个电极上的氧化还原等化学反应完成的。储能电池的负极材料一般是由电位较负并在电解质中稳定的还原性物质组成，如锌、镉、铅和锂等。正极材料由电位较正并在电解质中稳定的氧化性物质组成，如二氧化锰、二氧化铅、氧化镍等金属氧化物，氧气或空气，卤素及其盐类，含氧酸盐等。电解质则是具有良好离子导电性的材料，如酸、碱、盐的水溶液，有机溶液，熔融盐或固体电解质等。

当储能电池与外电路断开时，两电极间有电位差即开路电压，但没有电流流过，此时电池中的化学能并不转换为电能；当外电路导通时（放电），由于两电极间存在电势差，电解质中的带电粒子开始向两极移动而产生电流，此时电池中的化学能转换为电能。由于电解质中不存在自由电子，因此，电荷在电解质中的传递由带电离子的迁移来完成，电池内部电荷的移动必然伴随两极活性物质与电解质界面的氧化或还原反应。充电时，电池内部的电荷传递和物质迁移过程的方向恰与放电相反。电极反应必须是可逆的，才能保证反方向传质与电荷传递过程的正常进行。因此，电极反应可逆是构成蓄电池的必要条件。

常见的储能电池主要有铅酸电池、钠硫电池、镍镉电池、镍氢电池、锂离子电池以及全钒液流电池等，下面只简单地介绍铅酸电池、钠硫电池、镍镉电池、镍氢电池及液流电池的工作原理，而锂离子电池和超级电容器的工作原理将会在后面章节进行详细介绍。

（一）铅酸电池工作原理

铅酸电池的负极材料为纯铅，正极材料为 PbO_2，电解液为一定浓度的硫酸溶液。硫酸溶液中 H_2SO_4 电离形成 H^+ 和 SO_4^{2-}，并参与电极反应。

显然电池放电时，由正负极的反应可知正负极都生成了 $PbSO_4$；充电后可还原成初始状态。由于电池存在自放电，如果长期搁置，正负极都会硫酸化，因此要给电池定期充电，保证电池的最佳工作状态。

（二）钠硫电池工作原理

钠硫电池的负极材料为 Na，正极材料为 S，采用固体电解质陶瓷隔膜，一般在较高的温度（300℃）条件下工作，此时正负极都呈熔融状态。电解质只能导离子，对电子绝缘。当外电路导通时，Na^+ 透过电解质隔膜与 S 发生可逆反应，实现能量的释放；充电时则正好相反，完成能量的存储。

钠硫电池的比容量较高并且不存在自放电，转化效率高，但由于其工作温度较高,一般要有防爆和防腐的安全设置。

(三)镍镉电池和镍氢电池的工作原理

镍镉电池的负极材料为金属镉,正极材料为 NiOOH 与石墨粉的混合物,其中石墨粉不参与反应只起导电作用,电解液通常为 20％的 NaOH 或 KOH 溶液。

放电过程中,负极材料镉失去两个电子变成 Cd^{2+},然后与电解液中的 OH^- 作用,形成 $Cd(OH)_2$;同时正极材料 NiOOH 中的 Ni^{3+} 得到 1 个电子变成 Ni^{2+},并与水电离出的 2 个 OH^- 结合形成 $Ni(OH)_2$,充电过程则正好相反。镍镉电池能量密度高以及稳定性好,但是镉对环境污染较大。

镍氢电池正是基于镍镉电池发展起来的绿色环保的储能电池。镍氢电池只是将原来污染较大的镉负极换成了储氢合金(MH),其他组成并无太大变化,因此工作原理相似。

(四)液流电池的工作原理

液流电池是利用正负极电解液分开,各自循环的一种高性能储能电池。其不同于通常使用固体材料电极或气体电极的储能电池,其活性物质是流动的电解质溶液。

以全钒液流电池来说明液流电池的工作原理。钒电池的电能是以化学能的方式存储在不同价态钒离子的硫酸电解液中,负极电解液由 V^{3+} 和 V^{2+} 的离子溶液组成;正极电解液由 V^{5+} 和 V^{4+} 离子溶液组成,隔膜为质子交换膜。电池充电后,正极物质为 V^{5+} 离子溶液,负极物质为 V^{2+} 离子溶液;放电后,正负极物质分别为 V^{4+} 和 V^{3+} 离子溶液,电池内部通过质子(H^+)导电。V^{5+} 和 V^{4+} 离子在酸性溶液中分别以 VO_2^+ 和 VO^{2+} 形式存在。

由于正负极活性物质都是流动的电解质溶液,更容易实现规模化蓄电,不过液流电池能量密度较低(<40 Wh/kg)而且占地面积较大,离大规模应用还有较长的路要走。

三、储能电池的性能评价

总体来看,评价储能电池的性能参数通常包括:安全性能、比能量、比功率、电池寿命、能量转化效率、库仑效率、循环性能、充放电速度、可持续输出功率、储能成本以及自放电。

（一）安全性能

电池在使用中，主要安全问题为热分解、电池过充与内部短路。热分解问题是电池在运行过程中，由于温度上升导致电池正极、负极或者是电解液的分解，导致电池失效甚至引发爆炸。电池过充将会造成电压迅速上升，进而导致温度升高，造成电极活性材料的不可逆变化以及电解液的分解，导致电池失效甚至会引发爆炸。内部短路一般是由于隔膜过薄或者隔膜破损与其他装配问题，导致正负极直接连接，电池短路，温度剧烈上升，有发生爆炸的危险。

（二）比能量

比能量是指单位质量（或单位体积）能够释放的能量。这是衡量电池容量的重要指标。

（三）比功率

比功率是指单位质量（或单位体积）在单位时间内能够释放的能量。这是衡量电池充放电能力的重要指标。

（四）电池寿命

电池寿命包括储存寿命与循环寿命。储存寿命是指电池在没有负荷的条件下性能衰减到规定指标时的时间；循环寿命是指电池在反复充放电条件下性能衰减到规定指标时的时间。电池寿命主要用于衡量电池可用时间。

（五）能量转化效率

能量转化效率指的是在一定条件下，电池放出的能量与充入的能量的比值。该指标用于衡量电池的能量利用效率。

（六）库仑效率

库仑效率也叫充放电效率，是指在一定条件下电池放出的电荷量与储存的电荷量的比值。该指标用于衡量电池的能量利用效率。

(七)循环性能

循环性能是指电池在反复充放电循环中,电池比容量或者其他参数的变化特性。该指标用于衡量电池的稳定时间性与循环寿命。

(八)充放电速度

充放电速度是指电池在一定充放电条件下,达到某一标准(一般为电量)充电或放电所需的时间。该指标用于衡量电池的充放电性能。

(九)可持续输出功率

可持续输出功率是指电池在一定充放电条件下,能够保持稳定输出的功率大小。该指标用于衡量电池的充放电性能。

(十)储能成本

储能成本是指电池储存单位能量所需要的成本。该指标用于衡量电池的生产成本。

(十一)自放电

自放电是指电池在没有负荷的情况下,在一定条件下放置,由于自身原因导致的电量衰减。

电池在实际使用中,大多是以电池组串的形式,在单体电池组成电池组串进行工作时,在考虑各个电池的工作情况的同时,还需要考虑电池组串的整体工作情况,需要考虑如下运行参数。

(1)电池电压极差。电池电压极差是指电池电压极差同一电池组串内,在一定的运行条件下,最高的电池电压与最低的电池电压之差。用于评价电池的工作情况,能够反映单体电池的性能衰退。

(2)电池温度极差。电池温度极差是指电池温度极差同一电池组串内,在一定的运行条件下,最高的电池温度与最低的电池温度之差。用于评价单体电池工作情况,能够反映单体电池的工作情况,同时能为检测单体电池的性能变化提供参考。

(3)电池电压标准差系数。电池电压标准差系数是指结合正态分布的规律,定量评价电池组串的一致性情况。

(4)能量状态极差。能量状态极差是指能量状态极差同一储能单元中电池组串最大能量状态与最小能量状态之差,能够用于衡量电池组串的能量平衡程度。

(5)电池运行能量状态荷电状态。电池运行荷电状态为剩余电量与完全充满电量时的储电量的比值,代表相对剩余电量。该参数能表明电池组的当前工作状态,能够为电池的评价提供参考。

电池在生产与使用性能的评价上,在考虑电池工作的同时,还应该考虑诸多客观实际,如电池生产的环境成本、电池的使用条件等。

当下的电池生产需要参考电池的环境友好指标进一步进行评价,包括无毒、低污染等相关指标。

对于电池使用条件,在选用具体某种材料进行电池制作时,包括匹配合理使用电压电流区间,不能仅仅参考比功率、比能量等参数,还应该考虑使用的合理条件。例如,在制作电池时,尽量避免使用低压放电平台的设计,这会造成电池组串使用过多单电池,进而增加了电池组工作的不稳定性。

随着电池的发展,势必会根据具体情况引入新的参考指标。电池也应遵循合理的指标进行进一步的开发。

第二节　超级电容工作原理及其材料

电化学电容器也叫超级电容器,是一种介于蓄电池和传统电容器之间的新型储能器件,它利用电极/电解质交界面上的双电层或者电极界面上发生快速、可逆的氧化还原反应来存储能量。因此,超级电容器具有容量大、功率密度高、循环寿命长、充放电效率高等特点,引起了世界广泛关注。

一、电化学电容器的简介与分类

电化学电容器是基于亥姆霍兹提出的界面双电层理论。插入电解质溶液中的电极与液面界面两侧会出现符号相反的过剩电荷,从而使相间产生电位差。如果电解液中同时插入两个电极,并在两个电极间施加一个电压(低于电解液的氧化分解电压),那么电解液中的正、负离子就会在电场的作用下向两极迅速移动,这样就在两电极的表面都形成紧密的电荷层,即双电层。利用这一原理可以将大量的电能存储在物质表面,像电池一样付诸实践的是由美国 Becker 公司于 20 世纪 50 年代末实现的,并且申请了第一个关于电化学电容器方面的专利,该专利指出将电荷存储在充满水性电解液的多孔碳电极的界面双电层中。随后,美国 Standard Oil 公司开始研究基于高比表面碳材料的双层电容器,由于采用有机电解液具有更高的分解电压,非水体系的超级电容器能提供更高的工作电压,因为可存储的能量与充电电压的平方成正比,因此电压的提高有利于提高容量,1969 年该公司首先实现了碳材料电化学电容器的商业化。美国 Conway 公司中于 1975—1981 年间开发了另一种类型的"准电容"体系,该"准电容" C_φ 与依赖于电化学吸附程度的电势有关,这些吸附包括在铀或金上发生的氢或某些金属(铅、铋、铜)单分子层水平的电沉积,可作为电容器存储能量的基础。在另一种形式的体系中,准电容与固体氧化物有关,已经在硫酸溶液中的氧化钌膜或上开发出超过 1.4 V(实际工作电压为 1.2 V)的体系。这种体系达到了几乎理想的电容行为,具有高度的充放电可逆性和超过 10^5 次的循环寿命。近年来,由于与二次电池混合使用作为电动汽车的动力系统,导致了全世界关于电化学电容器的研究热潮。

电化学电容器的分类有多种方法,根据存储电能的机理不同可分为双电层电容器(EDLC)和赝电容器(法拉第电容器);根据电极材料不同可分为碳电极电容器、金属氧化物电极电容器和导电聚合物电极电容器;根据电解质类型可分为水溶液电解质型和有机电解质型电容器。

双电层电容器采用高比表面的碳材料制作成多孔电极,同时在相对的碳电极之间添加电解质溶液,当在两端施加电压时,两个相对的电极上就分别聚集正负电子,而电解质中的正负离子将在电场的作用下分别向两个电极移动并聚集,从而形成两个集电层。双电层电容量的大小取决于双电层上分离电荷的数量,由于高比表面积的碳材料的比表面积高达 $1000 \sim 3000\ m^2/g$,而且多孔电极与电解质的界面距离极小,不到 1 nm,因此这种双电层电容器比传统的物理电容器要大很多,比容量可以达到 280 F/g。

赝电容器又叫法拉第电容器,是在电极材料表面或体相的二维或准二维空间上,电活性物质进行欠电位沉积,发生高度可逆的化学吸附/脱附或氧化/还原反应,产生与电极充电电位有关的电容。该类电容的产生机制与双电层电容不同,并伴随电荷传递过程的发生,通常具有更大的比电容。由于反应在整个体相中进行,因而这种体系可实现的最大电容值比较大,如吸附型准电容为 $2000 \times 10^{-6} F/cm^2$。对氧化还原型电容器而言,可实现的最大容量值则非常大,而碳材料的比容通常被认为是 $20 \times 10^{-6} F/cm^2$,因而在相同的体积或重量的情况下,赝电容器的容量是双电层电容器容量的 10

～100倍。目前赝电容电极材料主要为一些金属氧化物和导电聚合物。

电化学电容器作为一种介于蓄电池和传统电容器之间的新型储能元件,它既具有电容器可以快速充放电的特点,又具有电化学电池的储能机理。因此具有以下特点:

(一)功率密度高

电化学电容器的内阻很小,且在电极/溶液界面和电极材料本体内部均能够实现电荷的快速存储和释放,因此功率密度可以达到数千瓦/千克,是一般蓄电池的10倍以上,可以在短时间内放出几百到几千安培的电流,非常适合用于短时间高功率输出的场合。

(二)使用寿命长

电化学电容器的充放电过程中只有离子和电荷的传递,通常不会产生相变对电极材料结构的影响,电化学反应具有良好的可逆性,充放电循环寿命可达 10^5 以上,远远高于蓄电池的充放电循环寿命。

(三)充放电效率高

电化学电容器可以采用大电流充电,能在几分钟甚至几十秒内完成充电过程,而蓄电池通常需要几小时才能完成充电。

(四)使用温度范围宽

电化学电容器可以在$-40℃$～$70℃$的温度范围内正常使用,相较于一般电池$-20℃$～$60℃$的温度范围更宽。电化学电容器电极材料的反应速率受温度影响不大,因此容量随温度的衰减非常小。而电池在低温下的衰减幅度可以高达70%。

(五)储存时间长

电化学电容器在充电后贮存过程中,存在自放电,长时间放置电化学电容器的电压会下降,这种发生在电化学电容器内部的离子迁移运动是在电场作用下发生的,但是电极材料在电解质中相对稳定,因此再次充电可以充到原来的电位,对超级电容器的容量性能无影响。

电化学电容器因其优异特性而使其在各个领域得到了广泛应用,如用作存储器、微型计算机、系统主板、汽车视频系统和钟表等的备用电源;用作电动玩具车、照相机、便携式摄像机甚至电脑的主电源；用作内燃机中启动电力、太阳能电池、铅酸、镍氢以及锂离子二次电池和燃料电池的辅助电源；还可以与太阳能电池、发光二极管结合用作太阳能手表、太阳能灯、路标灯以及交通警示灯的替换电源；还可应用于航空航天等领域。

超级电容器是近年来电动车动力系统开发中的重要领域之一。美国Maxell公司所开发的超级电容器已在各种类型电动车上都得到良好应用。本田公司在其开发出的第三代和第四代燃料电池电动车 FCX-V3 和 FCX-V4 中分别使用了自行开发研制的超级电容器来取代二次电池，减少了汽车的重量和体积，使系统效率增加，同时可在刹车时回收能量。测试结果表明，使用超级电容器时燃料效率和加速性能均得到明显提高，启动时间由原来的 10 min 缩短到 10 s。此外，法国 SAFT 公司、澳大利亚 Cap-xx 公司、韩国 NESS 公司等也都在加紧电动车用超级电容器的开发应用。国内北京有色金属研究总院、北京科技大学、北京理工大学、哈尔滨巨容公司、上海奥威公司等也在开展电动车用超级电容器的开发研究工作，国家"十五"计划"863"电动汽车重大专项攻关中已将电动车用超级电容器的开发列入发展计划。

二、超级电容器的工作原理及组成

（一）双电层电容器的原理

双电层电容器是通过电极与电解质之间形成的界面双电层来存储能量的器件，当电极与电解液接触时，由于库仑力、分子间力、原子间力的作用，使固液界面出现稳定的、符号相反的双层电荷，称为界面双层。

双电层电容理论最早由亥姆霍兹于 1887 年提出，后经过多名学者逐步完善形成如今的 GCS 双电层模型，主要观点如下：在电极/溶液界面存在两种相互作用，一种是电极与溶液两相中的剩余电荷的静电作用；另一种是电极和溶液中各种粒子之间的短程作用，如：范德华力和共价键力等。这两种作用使符号相反的电荷力图相互靠近，趋向于紧贴电极表面排列，形成紧密层。可是，由于粒子热运动的作用，电极和溶液两相中的荷电粒子不可能完全紧贴着电极分布，而具有一定的分散性，形成分散层。这样在静电力和粒子热运动的矛盾作用下，电极/溶液界面的双电层将由紧密层和分散层两部分组成，即双电层的微分电容是由紧密层电容和分散层电容串联组成的。

双电层电容器的主要组成部分包括两个多孔电极、隔膜、电解质以及集流体等。充电时相对的多孔电极上分别聚集正负电子,而电解质溶液中的正负离子将由于电场作用分别聚集到与正负电极相对的界面上,从而形成双集电层,所以整个电容器等效于两个双电层电容的串联。

双电层电容器充放电过程中正、负极发生的反应以及总反应分别为:

正极:$E_s + A^- \underset{\text{放电}}{\overset{\text{充电}}{\rightleftharpoons}} E_s^+ // A^- + e^-$

负极:$E_s + C^+ + e^- \underset{\text{放电}}{\overset{\text{充电}}{\rightleftharpoons}} E_s^- // C^+$

总反应:$E_s + E_s + C^+ + A^- \underset{\text{放电}}{\overset{\text{充电}}{\rightleftharpoons}} E_s^- // C^+ + E_s^+ // A^-$

其中,E_s 表示活性炭电极的表面,// 表示双电层,C^+ 和 A^- 表示电解液中的正负离子。

(二)赝电容器的原理

通常的双电层电容由电极电势引起,依赖于以静电方式(即非法拉第方式)存储在电容器电极界面的表面电荷密度。在电容器电极上,聚集的电荷是界面及其近表面区域内导带电子的剩余或缺乏,加上聚集在电极界面处双层的溶液一侧电解质阳离子或阴离子平衡电荷的总和。双电层电容器就是利用这样的两个双电层电容。而赝电容在电极表面的产生利用了与双电层完全不同的电荷存储机理。赝电容的电荷存储与释放是一个类似于电池充放电的法拉第过程,电荷会穿过双电层,但是由于热力学原因导致的特殊关系而产生了电容,即电极上接收电荷的程度(Δq)和电势变化($\Delta \varphi$)的导数 $d(\Delta q)/d(\Delta \varphi)$ 就相当于电容。通过上述系统得到的电容都称为赝电容或者准电容,以识别与双电层电容器的不同。

赝电容器是在电极材料表面或体相的二维或准二维空间上,电活性物质进行欠电位沉积,发生高度可逆的化学吸附/脱附或氧化/还原反应,产生与电极充电电位有关的电容。因此又可分为吸附赝电容和氧化还原赝电容。

1.吸附赝电容

吸附赝电容是指在二维电化学反应过程中,电化学活性物质单分子层或类单分子层随着电荷的转移,在基体上发生电吸附或电脱附,表现为电容特性。吸附赝电容最经典的例子是氢在铝电极表面的吸附反应:

$$Pt + H_3O^+ + e^- \underset{k_{-1}}{\overset{k_1}{\rightleftharpoons}} Pt \cdot H_{ads} + H_2O。$$

2.氧化还原赝电容

氧化还原赝电容是指在准二维电化学反应过程中,某些电化学活性物质发生氧化还原反应,形成氧化态或还原态而表现出电容特性。氧化还原赝电容材料主要包括金属氧化物和导电聚合物。

任意的氧化还原反应可表示为:

$$O + ne^- \rightleftharpoons Re \tag{4-1}$$

根据 Nernst 方程:

$$E = E_o + (RT/nF)In \frac{[O]}{[Re]} \tag{4-2}$$

又因为:

$$[O] + [Re] = q \tag{4-3}$$

将式(4-3)代入式(4-2)并整理得到:

$$[O/q]/(1 - [O/q]) = \exp(\Delta EF/RT) \tag{4-4}$$

对式(4-4)微分后整理可得到:

$$C = q[O/q]/E = \frac{qF}{RT} \times \frac{\exp(\Delta EF/RT)}{[1 + \exp(\Delta EF/RT)]^2} \tag{4-5}$$

这就是氧化还原赝电容的表达式,很明显氧化还原赝电容与吸附赝电容具有相似的表达式。

三、超级电容器材料研究进展及趋势

在超级电容器的研究中,许多工作都是围绕着开发具有高比能量、高比功率的电极材料进行的,材料的重要性不言而喻。碳材料由于具有成本低、比表面积大、孔隙结构可调以及内阻较小等特点,已广泛应用于双电层电容器;采用过渡金属氧化物、水合物材料和掺杂导电聚合物的法拉第电容器也逐渐得到开发应用。

(一)碳材料

碳材料作为已经商业化的超级电容器的电极材料,研究已经非常深入,包括活性炭、碳纳米管、炭气凝胶等。在这些电极材料表面主要发生的是离子的吸附/脱吸附。它们的共同特点是比表面积大,但是碳材料并不是比表面积越大,比电容越大,只有有效表面积占全部碳材料表面积的比重越大,比电容才越大。

1. 活性炭

活性炭是 EDLC 使用最多的一种电极材料,它具有原料丰富、价格低廉、成型性好、电化学稳定性高等特点。活性炭的性质直接影响 EDLC 的性能,其中最关键的几个因素是活性炭的比表面积、孔径分布、表面官能团和电导率等。

一般认为活性炭的比表面积越大,其比电容就越高,所以通常可以通过使用大比表面积的活性炭来获得高比电容。但实际情况却复杂得多,大量研究表明,活性炭的比电容与其比表面积并不呈线性关系,影响因素众多。实验表明,清洁石墨表面的双电层比容为 20 $\mu F/cm^2$ 左右,如果用比表面积为 2 860 m^2/g 的活性炭作为电极材料,则其理论质量比容应该为 572 F/g,然而实际测得的质量比容仅为 130 F/g,说明总比表面积中仅有 22.7% 的比表面积对比容有贡献。EDLC 主要靠电解质离子进入活性炭的孔隙形成双电层来存储电荷,由于电解质离子难以进入对比表面积贡献较大的孔径过小的超细微孔,这些微孔对应的表面积就成为无效表面积。所以,除了比表面积外,孔径分布也是一个非常重要的参数,而且不同电解质所要求的最小孔径是不一样的。通过电化学氧化、化学氧化、低温等离子体氧化或添加表面活性剂等方式对碳材料进行处理,可在其表面引入官能团,可以提高电解质对碳材料的润湿性,从而提高碳材料的比表面积利用率。

活性炭的电导率是影响 EDLC 充放电性能的重要因素。首先,由于活性炭微孔孔壁上的碳含量随表面积的增大而减少,所以活性炭的电导率随其表面积的增加而降低;其次,活性炭材料的电导率与活性炭颗粒之间的接触面积密切相关;另外,活性炭颗粒的微孔以及颗粒之间的空隙中浸渍有电解质溶液,所以电解质的电导率、电解质对活性炭的浸润性以及微孔的孔径和孔深等都对电容器的电阻具有重要影响。

总之,活性炭具有原料丰富、价格低廉和比表面积高等特点,是非常具有产业化前景的一种电极材料。比表面积和孔径分布是影响活性炭电化学电容器性能的两个最重要的因素,研制同时具有高比表面积和高中孔含量的活性炭是开发兼具高能量密度和高功率密度电化学电容器的关键。

2.碳纳米管

碳纳米管(CNTs)由于具有化学稳定性好、比表面积大、导电性好和密度小等优点,是很有前景的超级电容器电极材料。CNTs 的管径一般为几纳米到几十纳米,长度一般为微米量级,由于具有较大的长径比,因此可以将其看作准一维的量子线。形成 CNTs 中碳为 sp 杂化,用三个杂化键成环连在一起,一般形成六元环,还剩一个杂化键,这个杂化键可以接上能发生法拉第反应的官能团(如羟基、羧基等)。因此,CNTs 不仅能形成双电层电容,而且还是能充分利用赝电容储能原理的理想材料。

碳纳米管的比容与其结构有直接关系。当研究了 MWCNT 的结构与其容量之间的关系,结果发现比表面积较大、孔容较大和孔径尽量多分布在 30~40 nm 区域的 CNTs 会具有更好的电化学容量性能;从外表来看,管径为 30~40 nm,管长越短,石墨化程度越低的容量越大;另外,由于 SWNT 通常成束存在,管腔开口率低,形成双电层的有效表面积低,所以,MWCNT 更适合用作双电层电容器的电极材料。以钴盐为催化剂,二氧化硅为模板催化裂解乙烷制得比表面积为 400 m^2/g 的 MWCNT,其比容量达 135 F/g,而且在高达 50 Hz 的工作频率下,其比容量下降也不大。这说明 CNTs 的比表面积利用率、功率特性和频率特性都远优于活性炭。

虽然 CNTs 具有诸多优点,但 CNTs 的比表面积较低,而且价格昂贵,批量生产的技术不成熟。而且单独使用 CNTs 做 ECs 的电极材料时,性能还不是很好,如可逆比电容不是很高、充放电效率低、自放电现象严重和易团聚等,不能很好地满足实际需要。这些缺点都限制了 CNTs 作为电化学电容器电极材料的使用。

3.炭气凝胶

炭气凝胶(CAGs)是一种新型轻质纳米多孔无定型碳素材料,是唯一具有导电性的气凝胶,由 R. W. Pekala 等首先制备成。炭气凝胶具有质轻、比表面积大、中孔发达、导电性良好、电化学性能稳定等特点。其连续的三维网络结构可在纳米尺度控制和剪裁。它的孔隙率高达 80%~98%,典型的孔隙尺寸小于 50 nm,网络胶体颗粒直径为 3~20 nm,比表面积高达 600~1100 m^2/g,是制备高比容量和高比功率 EDLC 的一种理想的电极材料。

CAGs 制备一般可分为 3 个步骤:即形成有机凝胶、超临界干燥和炭化。其中有机凝胶的形成可得到具有三维空间网络状的结构凝胶;超临界干燥可以维持凝胶的织构而把孔隙内的溶剂脱除;炭化使得凝胶织构强化,增加了机械性能,并保持有机凝胶织构。采用炭气凝胶作为 EDLC 电极材料,分别得到40F/g 的双电极比容和 160 F/g 的单电极比容。经过碳布加强处理的 RF 炭气凝胶薄片组装 EDLC 的测试表明,EDLC 具有良好的循环性能和优于一般活性炭的比容量。以炭气凝胶为电极材料,使用有机电解质制得的 EDLC 的电压为 3 V,容量为 7.5 F,比能量和比功率分别为0.4 Wh/kg 和 250 W/kg,而且该产品已实现产业化。

炭气凝胶虽然性能优良,但 CAGs 的制备工艺复杂,制备成本偏高。由于原材料昂贵、制备工艺复杂、生产周期长、规模化生产难度大等原因,导致炭气凝胶产品产量低、成本高。尽管在采用其他方法取代超临界干燥方面,各国研究者做了大量的工作,但各种方法的效果都不如超临界干燥。

(二)金属氧化物

金属氧化物超级电容器所用的电极材料主要是一些过渡金属氧化物,如:MnO_2、V_2O_5、RuO_2、IrO_2、NiO、$H_3PMo_{12}O_4$、WO_3、PbO_2 和 Co_3O_4 等。金属氧化物作为超级电容器电极材料研究最为成功的是 RuO_2。20 世纪70 年代,发现 RuO_2 膜的"矩形"循环伏安图类似于碳基超级电容器。

在制备的无定形水合 α-$RuO_2 \cdot xH_2O$,以硫酸为电解质,比电容达 768 F/g,工作电位 1.4 V(vs. SHE),是目前发现的较为理想的高性能超级电容器材料。在 RuO_2 中掺入 MoO_3、TiO_2、VOx、SnO_2 制备各种复合电极,取得了一定成果。但 RuO_2 属于贵金属,资源稀少以及高昂的价格限制了它的应用。一些廉价金属氧化物如 CO_3O_4、NiO 和 MnO_2 等也具有法拉第赝电容,研究人员希望能从中找到电化学性能优越的电极材料以代替 RuO_2。其中 MnO_2 资源丰富、电化学性良好、环境友好,作为超级电容器活性材料已成为研究热点。将尿素作为水解控制剂,聚乙二醇作为表面活性剂制得前驱体,通过热分解得到纳米结构海胆状的 NiO,然后研究其在不同燃烧温度下的电化学性能,发现在 300℃条件下 NiO 比电容达到 290 F/g,循环500 次后,比电容依然达到 217 F/g,显示出 NiO 作为超级电容器电极材料的良好性能。

(三)导电聚合物

自 1977 年导电聚合物问世以来,人们对它的研究一直非常关注。用导电聚合物作为超级电容器的电极材料是近年来发展起来的,主要是利用其掺杂—去掺杂电荷的能力。依据方式不同,可分为 P 掺杂和 N 掺杂,分别用于描述电化学氧化和还原的结果。导电聚合物借助于电化学氧化和还原反应在电子共轭聚合物链上引入正电荷和负电荷中心,正、负电荷中心的充电程度取决于电极电势。目前仅有有限的导电聚合物可以在较高的还原电位下稳定地进行电化学掺杂,如聚乙炔、聚吡咯、聚苯胺、聚噻吩等。现阶段的研究工作主要集中在寻找具有优良掺杂性能的导电聚合物,以及提高聚合物电极的充放电性能、循环寿命和热稳定性等方面。

导电聚合物电极电容器可分为 3 种类型:①对称结构——电容器中两电极为相同的可进行 P 型掺杂的导电聚合物(如聚噻吩);②不对称结构——两电极为不同的可进行 P 型掺杂的聚合物材料(如聚吡咯和聚噻吩);③导电聚合物可以进行 P 型和 N 型掺杂,充电时电容器的一个电极是 N 型掺杂状态而另一个电极是 P 型掺杂状态,放电后都是去掺杂状态。这种导电聚合物电极电容器可提高电容电压到 3 V,而两电极的聚合物分别为 N 型掺杂和 P 型掺杂时,电容器在充放电时能充分利用溶液中的阴阳离子,结果它具有很类似蓄电池的放电特征,因此被认为是最有发展前景的电化学电容器。

(四)复合材料

上面提到的碳材料通常由于其良好的导电性和较高的比表面积而得到广泛的研究,事实上碳基电容器只具有较小的电容值,因为碳基材料储能通常以双电层电容机制为主体,赝电容的贡献只有很小的部分。通常就电容的贡献来说,赝电容因为深度的氧化还原反应往往具有比双电层电容更高的贡献,例如一些金属氧化物:RuO_2、Co_3O_4、MnO_2 能通过氧化还原反应产生很高的电容(500~2000 F/g),但是金属氧化物自身的导电性非常差、材料结构致密,不利于电解液的浸润,这大大降低了其功率密度。因此,为了能够将金属氧化物的高电容特性和碳基材料的高导电性以及大比表面积结合起来,研究人员通过有效的方法将金属氧化物纳米颗粒与碳材料进行复合,大大提高了电极的功率密度和能量密度。

超级电容器具有容量大、功率密度高、充放电能力强、循环寿命长、可超低温工作等许多优势,在汽车、电力、通信、国防、消费性电子产品等方面有着巨大的市场潜力。高单位质量或体积能量密度,高充放电功率密度将是未来的发展方向。今后超级电容器的研究重点仍然是通过新材料的研究开发,寻找更为理想的电极体系和电极材料,提高电化学电容器的性能,制造出性能好、价格低、易推广的新型电源以满足市场的需求。

第三节 储氢材料及其应用探析

人类的发展与能源紧密联系在一起,能源的消耗随着人类社会经济的发展而不断增加。1766 年,英国化学家卡文迪制备出了氢气,氢能的话题由此首次登上了人类发展的舞台。氢气作为可再生二次能源的载体,在缓解化石能源枯竭、环境问题严峻的今天有望扮演极其重要的角色。本节着重介绍氢能的储存及其相关材料。

一、氢能与氢的储存技术

在清洁能源系统中使用氢能主要通过三个步骤,首先是利用清洁能源制取氢气,其次是氢气的储存和运输,最后是将氢能用于能量输出装置。其中最重要的一步便是储氢。

所谓储氢,即氢气的储存,是将制得的氢气以合适的方式储存,以备使用。在需要时利用各类能源转换装置,将氢能转换为目标能量。然而,要想使氢能最终实现产业化应用,储氢装置以及材料必须能够大规模高密度地储存氢气。

目前来看,氢气的储存技术主要根据氢气储存的状态划分,分为气态储氢、液化储氢、固态储氢三类储氢方式。

(一)气态储氢

气态储氢通常是指利用高压将氢气压缩在储氢容器中,通过不断增加压力的方法来提高容器中氢气的含量。通常采用的容器为钢瓶,最高耐受气压为 150 个大气压,钢瓶内有效体积为 40 L(以水为标准衡量),可以储存氢气的质量为 0.5 kg。由此可见,在全部充满氢气的条件下,钢瓶内氢气的密度约为 1wt%。随着科研工作的进行,提高气态储存氢气的技术主要集中在改良储存容器上。这是因为,根据理论计算,压力增加,氢气储存密度增加,当压力达到 2000 个大气压时,氢气的密度约为 50 kg/m^3。

经过技术的不断革新,使得气态储氢可以到达一定的质量储氢密度,但所需压力较高,这将产生一系列安全问题,如气瓶、换气阀门等。且其应用范围较窄,主要集中于新能源汽车的开发方面。在车载氢气供应系统研究与开发方面,目前比较领先的是美国 Quantum 公司和加拿大 Dynetek 公司。Quantum 公司与美国国防部合作,成功开发了移动加氢系统——HyHauler 系列,分为 HyHauler 普通型和改进型。普通型 HyHauler 系统的氢源为异地储氢罐输送至现场,加压至 35 MPa 或 70 MPa 存储,进行加注。改进型 HyHauler 系统的最大特点是氢源为自带电解装置电解水制氢,同时改进型具有高压快充技术,完成单辆车的加注时间少于 3min。加拿大 Dynetek 公司也开发并商业化了耐压达 70 MPa、铝合金内胆和树脂碳纤维增强外包层的高压储氢容器,用于与氢能源有关的行业。

(二)液化储氢

顾名思义,液化储氢便是将氢气压缩后,以液体的形式储存到特制的容器或材料中。根据氢的相图,氢气液化的条件为:在标准大气压下,温度降至 21 K 以下。常温常压下,液态氢气的密度约为气态氢气密度的 850 倍,显然,从储氢密度上看,液态氢气具有显著优势。然而,将氢气液化至 21 K 需要消耗氢气本身所具有的燃烧热的 1/3,再加上储存器与室温温度相差 200℃以上,因此,液氢的挥发不可避免。以 80 L 的小型罐为单位,蒸发量可达(1~2)wt%/d。

此外,除了利用特制金属储氢容器之外,还有利用液态芳香族化合物作为储氢载体,进行催化加氢脱氢,实现氢的储存与释放。这种方法避免了利用特制容器储氢过程中出现的氢气蒸发等问题,实现了氢气高密度、低危险性、稳定的储存,因此近年来受到了广泛的关注。材料由苯、甲苯发展到吲哚、喹啉、咔唑等新型材料,其催化加氢脱氢性能得到了进一步的提高。

从液态氢气的性质上看,它适用于大规模高密度的储存,如果可以降低液化过程中燃烧热的损耗,利用新型容器降低其蒸发,液化储氢的方式是很具有前景的。

(三)固态储氢

固态储氢是指将氢气以吸附或其他方式储存到固体材料中,如碳纳米管、金属氢化物、配位氢化物、多孔聚合物、有机液体氢化物等。在储氢材料中,氢气以分子、原子、离子等形式存在。固态储氢的核心在于固态储氢材料,固态储氢材料可以根据吸附机制和使用方式进行分类。根据氢气的吸附机制可以分为物理吸附和化学吸附,而根据使用方式可以分为可逆储氢和不可逆储氢。无论是哪一种方式,能否作为良好的储氢材料取决于以下几点:①单位体积内所储存氢气的密度和体积大。②能够迅速地产氢和放氢,具有良好的动力学特性。③可循环利用率高,性能稳定,材料经济性可行。④在整个过程中,每一阶段的产物对环境无污染。

二、主要储氢材料

近年来储氢材料发展迅速,从最初的 $SmCo_5$ 磁性材料开始,已经逐渐地发展出了金属储氢材料、配位氢化物储氢材料、碳纳米管储氢材料、多孔聚合物储氢材料、有机液体储氢材料等,引起了广泛关注。

(一)金属储氢材料

在金属储氢材料中,氢以金属键形式与金属元素结合。一些金属具有很强的与氢气结合的能力,因此可以在某些特定的条件(如一定温度、压力)下,与氢气结合形成含有金属氢键的金属氢化物,而通过对条件(如温度、压力等)的控制,又可以将这些金属氢化物分解释放出氢气。这样就使得氢气得以储存和释放,此类金属材料称为金属合金。它主要由与氢的结合能为负的金属元素 A 和与氢结合能为正的金属元素 B 构成。随着研究的深入,储氢合金可以分为以下几类:

(1)AB_5 型合金。这类合金被称为第一代合金,它是由荷兰飞利浦实验室在研究磁性材料 $SmCo_5$ 时意外发现的,该合金可以大量地吸收氢气,并随后进一步发展了 $LaNi_5$ 型储氢材料。这类合金的主要特点是 A 通常为稀土元素,而 B 通常为常见金属元素。以此为基础,通过合金元素替代发展了一系列 AB_5 型合金。这类合金的优点在于,室温下即可吸氢和放氢,其理论质量储氢密度约为 1.5 wt%。然而,由于稀土价格昂贵,此类合金因此受到价格成本的约束。

(2)A_2B 型合金。与 AB_5 型合金在同一时期,美国布鲁克海文实验室发现了 Mg_2Ni 储氢合金。与第一代合金不同,其不需要价格昂贵的稀土金属来组成合金,A 和 B 均可由常见且价格低廉的金属组成,在地球上储量丰富。其相对于第一代合金的吸氢量大(约 3.6 wt%)更使其具有广阔的应用前景。

（3）AB 型合金。AB$_5$ 型和 A$_2$B 型合金的研究发现引发了科学家对于合金储氢材料的兴趣。继而发现了 TiFe、TiCr 等 AB 型存在的合金，这类合金具有储氢量大、成本较低、吸氢放氢过程可在常温常压下进行等特点，其中，TiFe 的储氢量可达 1.8 wt％。然而，AB 型合金同样具有很多局限性，例如使用前需要在高温和真空条件下进行初期活化，且其寿命较短。研究人员经过不断的探索和寻找，发现 Ti-Ni 合金是一种性能较好的储氢合金。

（4）AB$_2$ 型合金。这类合金主要以钛元素和锆元素为 A 元素构成，其特点与 AB 型合金相似，其质量储氢密度可以达到 1.8 wt％～2.4 wt％。随着科学家进一步探索，在 AB$_2$ 型合金的基础上，继续开发了 Ti-Cr-V-Cr-Ni 多相合金。

（5）AB$_3$ 型合金。这类合金在结构上主要由 AB$_5$ 型合金和 AB$_2$ 型合金共同组成。其理论质量储氢密度可以达到 1.8wt％，相比于 AB$_5$ 型合金有所提高。在室温下可以进行吸氢、放氢过程，在合金领域逐渐代替了传统的 AB$_5$ 型合金，目前已应用到混合动力汽车的混合电池上。

此外，除了 AxBy 型的金属合金储氢材料外，还包括钒基体心立方固溶体合金储氢材料，钯基固溶体储氢材料等，此类材料需要严格的活化过程。

（二）配位氢化物储氢材料

配位氢化物是指由第Ⅲ或第Ⅴ的主族元素与氢原子以共价键的形式相结合，再与金属离子以离子键的形式相结合所形成的氢化物。与传统的合金储氢材料相比，配位氢化物储氢材料具有较高的氢含量，释放氢气可以通过热解或水解方式实现。然而，由于热力学和动力学方面的因素，其吸氢放氢的可逆反应一般难以实现。20 世纪 90 年代末，德国马普学会煤炭研究所发现掺杂少量含钛有机金属物后，成功地使 NaAlH$_4$ 的放氢反应在相对温和的条件下实现了可逆，这一重大突破立即掀起了世界范围内研究的热潮。

1.配位铝氢化物储氢材料

配位铝氢化物一般用 M(AlH$_4$)$_n$ 表示。其中，n 为金属原子 M 的价态。典型代表有 LiAlH$_4$、NaAlH$_4$、Mg(AlH$_4$)$_2$、Ca(AlH$_4$)$_2$ 等。配位铝氢化物通常为白色粉末状固体，具有较高的热稳定性以及强还原性。通常采用碱金属氢化物与卤化物在有机溶剂（如乙醚）中反应制备配位铝氢化物。

配位氢化物通过多步分解制备氢气。然而,其逆反应较难实现,有实验报道,通过向 LiH 和 Al 的甲醚或四氢呋喃反应体系中加入少量的钛,可以得到晶态 $LiAlH_4$。

提高配位铝氢化物的方法主要有两种,一种是与氢化物反应,形成复合材料;另一种是通过纳米结构调制来调节材料粒径的大小。因此,一些复合材料系统如 $LiAlH_4$-MgH_2-$LiBH_4$ 系统在 400℃的条件下可以展现出良好地吸氢放氢性能,而通过纳米结构调制,诸如 $NaAlH_4$ 表现出了低温下吸附氢气的良好性能。

2.配位氮氢化物储氢材料

配位氮氢化物一般用 $M(NH_2)_n$ 表示。其中,n 为金属原子 M 的价态。早在 19 世纪,人们就合成了 $NaNH_2$ 和 KNH_2。又在 20 世纪发现了 Li_3NH_4。配位氮氢化合物的陆续发现,使人们将研究的目光转移到了它们身上。研究发现,其合成方法主要有 3 种:金属与 NH_3 反应;金属氢化物与 NH_3 反应;金属氮化物与氢气反应。

提高氮氢化合物吸附氢气的能力的途径主要是通过纳米结构调控。这是因为当材料的粒径变小时,离子转移的动力学和热力学能够得到提高。然而,合成纳米结构的氮氢化合物是一件很困难的事情,因此配位氮氢化物的应用受到了限制。

3.配位硼氢化物储氢材料

配位硼氢化合物易溶于乙醚,一般用 $M(BH_4)_n$ 表示。其中,n 为金属原子 M 的价态。通常采用金属氢化物 MH 与 B_2H_6 在含有乙醚的体系中制备得到。

放氢反应后生成了单质硼,单质硼具有惰性,因此逆向反应很难进行。此外,由于配位硼氢化物吸收/释放氢气的反应条件需要在高温高压下进行,同时,配位硼氢化物储氢材料在此过程中还伴随着形貌的改变,这些无疑对它们的储氢性能是有害的。因此,对硼氢化物的改性成为研究的主要方向。已经报道的方法有离子替代、反应不稳定体系的形成及纳米结构调制等。除此之外,硼氢化物释放氢气的另外一种方式是将其与 NH_3 直接反应,生成含有负氢和正氢的氨硼烷及其衍生物,如 NH_3BH_3。氨硼烷类物质释放氢气的途径有两种,分别是氨硼烷中的正氢离子水解以及氨硼烷中正氢和负氢离子在其热解的过程中分子间的重新组合。这解决了配位硼氢化物中体系释放氢气动力学阻力过大、温度偏高的主要问题,具有良好的应用前景。

(三)碳纳米管储氢材料

自从 20 世纪 90 年代末首次报道了单壁碳纳米管可以储存气体,推算出其储氢容量可达 5wt%～10wt%,碳纳米管储氢便引起了科研人员极大的兴趣。碳纳米管具有密度小、比表面积大及多孔道等特点,且其本身具有的范德华力对氢气有很强的可逆吸附,因此成为一种理想的储氢材料。基于碳纳米管吸附氢气的机制,氢气与碳纳米管之间的作用很弱,吸氢需要极低的温度和极高的压力。因此,想要较好地吸附氢气,便需要对碳纳米管进行表面以及内部的相关改性。

从结构上来看,碳纳米管通过管与管之间形成的窄孔道有利于吸附氢气分子。通过改进其表面形貌和晶体结构,以及适当的表面处理,使得氢气分子可以实现有效的吸附。例如,利用 4 条碳纳米管通过节点连接成七边形的新奇多孔纳米超级钻石结构,经过实验,当温度低于 77℃时,氢的储存量可达到 20wt%,即使在室温条件下也能达到 8 wt%。这在已报道的研究中是最高的。通常,改性处理碳纳米管的方式有酸碱处理、氧化处理以及混合处理。例如,当利用氢氧化钾活化碳纳米管之后,碳纳米管的储氢量由原来的 2.8 wt%增加到 3.7wt%;利用硫酸和双氧水处理碳纳米管后,储氢量得到明显提高。除此之外,利用金属元素进行碳纳米管的改性也可以使其对氢气的吸附效果得以提高,这是因为金属原子可以与氢气形成金属氢键,可以牢牢地吸附氢气。

(四)多孔聚合物储氢材料

对于氢气的储存而言,高密度、高性能的储氢材料是核心部分。因此,科学家构想了一种由碳、氢、氧、氮等轻质元素构成的新型材料。高分子材料因此应运而生,许多高分子材料仅由碳、氢、氧、氮等轻质元素构成,这与科学家的设想不谋而合。时至今日,也取得了一定的成果。

多孔聚合物在低温下因其物理吸附而具有很好的储氢性能,成为储氢材料研究的热点之一。总体来看,多孔聚合物储氢材料可以分为三类:即共价有机骨架材料(COFs)、PIM 型微孔聚合物(PIMs)、超高交联型聚合物(HCPs)。

1.共价有机骨架材料

COFs 是由纯粹的有机基团通过强的共价键连接而形成的多孔材料，并命名为 COF-1。COFs 具有大的比表面、低密度等特点，但由于没有金属原子，COFs 对氢气的吸附强度偏弱。就目前 COFs 吸附氢气材料而言，COF-102 材料的吸附量最大，可达 7.24 wt％，这是目前报道的最高值。

虽然 COFs 的性能优势很明显，但是其合成条件非常苛刻，并且材料中的硼酸酯环结构耐高温性差，不耐酸碱。因此，未来的目标在于开发合成更加稳定、结构可控的 COFs 材料。

2.PIM 型微孔聚合物

PIMs 是一类由有机单体组装而成的具有微孔网状结构的高分子材料，由于有机单体的刚性结构和非线性结构，使得高分子材料由于位阻的原因形成了 PIM 型微孔高分子结构。通过单体分子的设计，首次合成了 PIMs。随后，新型 PIMs 如雨后春笋般涌现出来。21 世纪初，用 4,5-二氯苯二胺和环己六酮合成单体，随后单体与 TTSBI 发生缩合反应，形成 PIMs。为了进一步提高 PIMs 性能，科学工作者不断对 PIMs 进行改性和引入新的结构。除了引入不同结构的单体对 PIMs 进行改性外，为提高聚合物对气体的捕获能力，科学工作者还将金属加入了聚合物骨架中。合成 PIMs 材料的高分子链经无规堆积而产生微孔，所以合成的聚合物的孔径分布很宽，在气体吸附中具有广阔的应用前景。

3.超高交联型聚合物

HCPs 的形成往往通过两步反应来制得。第一步是通过悬浮法制备前驱体；第二步为前驱体在溶液中发生傅克反应，形成超交联网状结构，随后移除材料里的溶剂，孔道结构仍旧可以保存，得到 HCPs。HCPs 是由苏联科学家达万科夫首次发现的，其合成的 HCPs 比表面积达 2000 m^2/g。比表面积值高使得此类材料在吸附氢气的应用中具有较大潜力。

（五）有机液体储氢材料

利用有机物如烯烃、芳香烃、炔烃等与氢气进行加氢脱氢的可逆反应而将氢气储存的技术，成为有机液体氢化物储氢技术，而其中所利用的烯烃、炔烃或者芳香烃则被称为有机液体储氢材料。不饱和芳香烃与其相对应的氢化物,例如苯和环己烷,甲苯和甲基环己烷,可以在不破坏碳链结构的前提下进行脱氢和加氢的反应。此类反应物可以循环使用,为今后发展低成本储氢提供了新的思路以及可能。可用作有机液体储氢材料的有机物通常有环己烷、甲基环己烷、萘烷、四氢化萘、环己基苯等。

然而,此项技术也有其局限性,例如在脱氢过程中可能发生副反应,且脱氢过程需要低压、高温等较为苛刻的反应条件,对催化剂的要求也升高。因此,如何能使脱氢反应在相对温和的条件下进行,以及提高催化剂的活性、稳定性及其寿命便成了提高这一技术的核心所在。

三、储氢材料的应用

氢能源作为一种理想的清洁能源,在未来的新能源领域中占据着极其重要的地位。储氢材料在氢能的存储、运输以及燃料电池中起着重要作用。

(一)固态储氢

可逆固态储氢是目前应用最为广泛的一种储氢方式,其优点在于克服了以传统高压容器为主的固态储氢方式,使得固态储氢具有单位体积内氢气含量高、安全性能高等特点,因此成为储氢的一大主流材料。其核心材料主要由稀土系 AB_5、钛系 AB 和 AB_2 以及镁系储氢材料装填而成,主要可以分为六类,分别是:简单圆柱形、外置翅片空气换热型、内部换热型、外置换热型、储氢材料/高压混合型、轻质储氢材料型。除此之外,非可逆固态储氢也在实际中生产或应用。它主要由两种系统构成,分别是 $NaBH_4$ 水解制氢储氢系统和铝粉水解制氢储氢系统。

(二)氢气的回收与分离净化

利用储氢材料对氢气的吸附特性,可以使氢气得到有效回收,重复再循环利用,减少制氢材料的消耗。然而,随着半导体工业、精细化工和光电行业的发展,对氢气的纯度有极高的要求,因此,通常在回收的同时还要进行氢气的分离净化处理。现有的氢气分离净化方法均存在着其局限性,例如钯合金管造价高、分离效率低、催化吸附无法去除氮气杂质等。因此,储氢材料在氢气的回收与分离净化领域成为一种安全高效、材料易得的经济性选择。

氢气的回收通常源自石油化工、冶金等行业,通常含有氢气、氮气、甲烷、乙烷、丙烷、一氧化碳、二氧化碳等气体，将尾气中的氢气进行回收利用是一种资源回收利用的举措。

氢气的分离与净化方法主要包括物理法和化学法。物理法包括低温吸附法、金属氢化物净化法、变压吸附法等，化学法主要是本菲尔法和催化纯化法。工业上通常采用变压吸附法、膜分离法以及低温精馏法等方法进行氢气的纯化。

（三）氢气燃料电池

氢气作为一种清洁新型无污染燃料，在燃料电池上具有广泛的应用以及光明的前景。目前，以氢气为主要燃料的燃料电池主要有：碱性燃料电池、高聚物电解质燃料电池、磷酸燃料电池、熔融碳酸盐燃料电池以及固体氧化物燃料电池。

第五章　材料化学原理与应用探究

第一节　材料化学原理阐释

一、材料化学的定义

材料化学是一门运用现代化学的基本理论和方法研究材料的制备、组成、结构、性质及应用的学科。它既是材料科学的一个重要分支,也是材料科学的核心内容,在新材料的发现和合成、纳米材料制备和修饰工艺的发展以及表征方法的革新等领域做出了独到的贡献,同时又是化学学科的一个重要组成部分。因此,材料化学是一门材料科学与现代化学、现代物理等多门学科相互交叉、渗透发展形成的新兴交叉边缘学科,材料化学具有明显的交叉学科、边缘学科的性质。材料化学在原子和分子水准上设计新材料的战略意义有着广阔的应用前景。

材料是人类赖以生存的重要物质基础之一,材料的有效性总体上取决于下述三个层次的结构因素:①分子结构,属于原始的基础结构,决定材料所具有的潜在功能;②分子聚集态结构,决定材料所具有的可表现的实际功能;③构筑成材料的外形结构,决定材料具有某种特定的有效功能。

在分子结构层次上研究材料的合成、制备、理论,以及分子结构和聚集态结构、材料性能之间关系的科学,属于材料化学的研究范畴。

二、材料与化学

材料是具有使其能够用于机械、结构、设备和产品性质的物质,这种物质具有一定的可以被人类使用的性能或功能。化学试剂在使用的过程中通常被消耗并转化成别的物质,而材料则一般可重复、持续使用,除了正常的损耗,它不会不可逆地转变成其他物质。化学是研究关于物质的组成、结构和性质以及物质相互转变的科学,亦是从微观上研究材料的基础。材料一般按其化学组成、结构进行分类。通常,基本固体材料可分为金属、无机非金属、聚合材料和复合材料四大类。材料也可以按功能和用途划分为导电材料、绝缘材料、生物医用材料、航空航天材料、能源材料、电子信息材料、感光材料等。

三、材料化学的特点

(一)跨学科性

材料化学是学科交叉的产物。

(二)实践性

材料化学是理论与实践相结合的产物,材料通过试验室的材料和化学的研究工作而得到深入的了解,进而指导材料的发展和合理的使用。

(三)材料的变化和控制

化学对材料的发展起着非常关键的作用。将材料和化学合二为一,按照"与材料相关的化学"的编写原则,深入浅出而又系统地介绍了必要的化学基础知识,突出了重点在于材料和化学的结合的目的,有利于化学、非化学专业学生进行材料学学习。

四、材料化学的任务

当今国际社会公认,新材料、新能源和信息技术是现代文明的三大支柱。从现代科学技术发展的过程可以看到,每一项重大的新技术发现都有赖于新材料的出现。

材料是人类赖以生存的物质基础,每种材料的实际功能和用途取决于由分子构成的宏观物体的状态和结构,但其原始基础在于构成它们的功能分子的种类及结构。材料化学在研究开发新材料中的作用,就是用化学理论和方法来研究功能分子以及由功能分子构筑的材料的结构与功能的关系,使人们能够设计新型材料。另外,材料化学提供的各种化学合成反应和方法使人们能够获得具有所设计结构的材料。

材料的广泛应用是材料化学与技术发展的主要动力。在实验室具有优越性能的材料不一定能在实际工作条件下得到应用,必须通过实际应用研究做出判断,采取有效措施进行改进。材料制成零部件以后的使用寿命的确定是材料应用研究的另一方面,这关系到安全设计和经济设计,关系到有效地利用材料和合理选材。另外,材料的应用研究还是机械部件、电子元件失效分析的基础。通过应用研究可以发现材料中规律性的东西,从而指导材料的改进和发展。化学工程的发展基本沿着两条主线进行:一方面,经过归纳、综合,形成了以传递为主的"三传一反"的学科基础理论;另一方面,随着服务对象和应用领域的不断扩大、学科基础理论与应用领域的交叉渗透,不断产生新的增长点和新的科学分支,特别是随着新能源、新材料、生物技术等新兴产业的出现,化学工程在这些新领域发挥巨大作用的同时也不断推动自身理论水平与技术水平的提高,孵化出材料化学工程、生物化学工程、资源化学工程、环境化学工程等学科分支,为化学工程学科的发展带来了新的活力和更大的发展空间。

总结 20 世纪材料化学所取得的巨大进展,可以证明化学是新型材料的源泉,也是材料科学发展的推动力。从硝酸纤维到尼龙、涤纶,到现在的各种各样的合成纤维,从硅、锗到砷化镓、磷化铟……每一次进步都有一个相同的经过:先是针对已有的问题谋求改进,总结已知材料的结构,研究新的化学反应,然后对不同原料进行选择,找出可行的工艺。在 21 世纪,人类对各种特殊功能的先进材料的需求会越来越大,尽管利用的是材料的物理性质,但性质都是由材料的化学组成和结构决定的,不仅功能分子要用化学方法合成,高级结构也必须通过化学过程来构筑。分子结构—分子聚集体高级结构—材料结构—理化性质—功能之间的关系、合成功能分子与构筑高级结构的理论与方法、生物材料形成过程及结构的模拟仍是材料化学面临的极大挑战。所以,在新的世纪里,材料化学在指导新材料的研究与开发工作中仍将发挥不可替代的重要作用。

五、材料化学的用途

化学是新型材料的源泉,也是材料科学发展的推动力。无论是天然材料还是合成材料,特别是新材料的出现和发展将会给人类的生活提供有力的保证和方便。材料化学已渗透到现代科学技术的众多领域,如电子信息、生物医药、环境能源等，其发展与这些领域的发展密切相关。

（一）生物医药领域

材料可植入人体作为器官或组织的修补或替代品，这就要求材料具备良好的生物相容性，要求材料化学与生物学配合，从材料的结构、组织和表面对材料进行改性，以保护人体组织不与人工骨头置换体和其他植入物相排斥。

（二）电子信息领域

先进的计算机、信息和通信技术离不开相关的材料和成型工艺，而化学在其中起了巨大的作用。例如，芯片的制造涉及一系列的化学过程，如光致抗蚀剂、化学气相沉积法、等离子体蚀刻、简单分子物质转化成具有特定电子功能的复杂的三维复合材料。材料化学可通过电子及光学材料的相互渗透及通过光子晶格对光进行模拟操控而实现设计光子电路和光计算。

（三）环境和能源领域

在环境方面，开发新的可回收和可生物降解的包装材料也将成为材料化学的一个重要任务。而可回收和可生物降解的包装材料都涉及化学反应或化学方面的知识。

在能源方面，在研究光伏电池、太阳能电池，特别是化学电池和燃料电池的过程中，材料化学起了重要作用。

（四）结构材料领域

结构材料是材料化学涉足最广的领域。材料合成和加工技术的发展使现代汽车比以前更安全、轻便和省油，具有防腐、保护、美化和其他用途的特种涂料也要用到材料化学。无论是无机材料还是有机材料的合成，都和材料化学密不可分。

六、材料化学的重要意义

在人类发展的历史长河中，每个发展时期都可以用代表当时生产力水平的材料来表示。材料在人们的生活领域中非常重要。我们每天所接触到的不同物质都是由不同的材料构成的,一种新材料的成功发现带动起一个新兴产业的事例不胜枚举。材料化学是材料科学的一个重要分支学科,在新材料的发现和合成、纳米材料制备和修饰工艺的发展以及表征方法的革新等领域做出了独到的贡献。材料化学在原子和分子水准上设计新材料有着广阔应用前景。

材料化学可以培养学习者适应社会需要,系统地掌握材料科学的基本理论与技术,具备化学相关的基本知识和基本技能,能运用材料科学和化学的基础理论、基本知识和试验技能在材料科学与化学及其相关领域从事研究、教学、科技研发及相关管理工作的高级专门人才和具有开拓性、前瞻性的复合型高级人才。材料化学对应用化学专业、材料学专业的学生及从事材料研究与制备工程技术人员来说是一门重要的基础知识。学习材料化学对培养学生从化学的角度对材料研究提出问题、分析问题、解决问题的能力具有重要的意义。与化学、化工等专业相比,材料化学专业更注重研究新材料的开发和应用,同时在一些边缘学科诸如环境、药物、生物技术、纺织、食品、林产、军事和海洋等领域,尤其是进入石油行业或煤炭行业的学生,材料化学专业的人才也有较强的用武之地。材料化学专业是化学与工程两种知识结合的专业,在国民经济发展和科学前沿领域中都起着不可替代的重要作用。毕业生可在电子材料、金属材料、冶金化学、精细化工材料、无机化学材料、有机化学材料以及其他与材料、化学、化工相关的专业、医药、食品、环境、能源、分析检验、石油、轻工、日化、制药、冶金、建材等领域和行业的企业事业单位和行政部门从事研究、开发、设计、生产和管理工作,也可在高等院校和科研单位从事化学和应用化学方面的科研工作或者出国深造。在材料科学与工程各专业中,材料化学专业的毕业生就业情况也是不错的,目前能去专业比较对口的国有大中型企业和各种研发公司。考研的选择也不少,很多工科比较齐全的学校,特别是材料科学与工程系,都开设了相关专业。

第二节　高分子材料与聚合物材料的合成

高分子材料的原料丰富、制造方便、加工成型容易、性能变化大,在日常生活、工农业生产和尖端科学等领域都具有重要的实际应用价值。高分子材料按其组成可分为无机高分子材料和有机高分子材料两大类,由于有机高分子材料应用较多,故所述的高分子材料均指有机高分子材料。

一、高分子材料概述

(一)高分子材料的概念

高分子材料指以高分子化合物为基本成分,加入适当的添加剂,经过加工制成的一类材料的总称。高分子化合物一般指相对分子量大于 10000 的化合物,其分子由千百万个原子彼此以共价键(少数为离子键)相连接,通过小分子的聚合反应而制得,简称高分子,又称大分子化合物、高聚物或聚合物。高分子材料也称为聚合物材料。

常把生成高分子化合物的小分子原料称为单体。例如,尼龙 66 的单体是己二酸 $HOOC-(CH_2)_4-COOH$ 和己二胺 $H_2N-(CH_2)-_6NH_2$。单体或单体混合物生成聚合物的反应称为聚合,例如,在常温常压下为气态的氯乙烯单体,经聚合反应生成固态高聚物聚氯乙烯,其反应式如下:

$$n CH_2=CHCl \rightarrow \sim CH_2-CHCl-CH_2-CHCl-CH_2-CHCl \sim$$

$$(5-1)$$

这种很长的聚合物分子通常称为分子链。将存在于聚合物分子中重复出现的原子团称为结构单元。如聚氯乙烯的结构单元为 $-CH_2-CHCl-$,尼龙 66 的结构单元为 $-NH(CH_2)_6NHCO(CH_2)_4CO-$,结构单元在高分子链中又称为链节。在高聚物结构中,形成高聚物结构单元的数目称为聚合度。如聚四氟乙烯 CF_2-CF_{2n} 的聚合度为 n。对高聚物而言,各个高分子链的聚合度是不同的,即高分子链的长短不一致,相对分子质量不同,因此高分子的聚合度和相对分子质量都是一个平均值。一般常用数均相对分子质量来表示高分子相对分子质量。

(二)高分子材料的命名

高分子材料约达几百万种,命名比较复杂,归纳起来一般有以下几种情况。

(1)聚字加单体名称命名。在构成高分子材料的单体名称前,冠以"聚"组成,大多数烯烃类单体高分子材料均采用此方法命名,如聚乙烯、聚丙烯等。

(2)以特征化学单元名称命名。以其品种共有的特征化学单元名称命名,如聚酰胺、聚酯、聚氨酯等杂链高分子材料分别含有特征化学单元酰胺基、酯基、氨基。这类材料中的某一具体品种还可有更具体的名称以示区别,如聚酰胺中有尼龙 6、尼龙 66 等;聚酯中有聚对苯二甲酸乙二醇酯、聚对苯二甲酸丁二醇酯等。

(3)以原料名称命名。以生产该聚合物的原料名称命名,如以苯酚和甲醛为原料生产的树脂称酚醛树脂,以尿素和甲醛为原料生产的树脂称脲醛树脂。共聚物的名称多从其共聚单体的名称中各取一字,再加上共聚物属性类别组成,如 ABS 树脂,A、B、S 分别取自其共聚单体丙烯腈、丁二烯、苯乙烯的英文字头;丁苯橡胶的丁、苯取自其共聚单体丁二烯、苯乙烯的字头;乙丙橡胶的乙、丙取自其共聚单体乙烯、丙烯的字头等。

(4)用商品、专利商标或习惯名称

有时还以商品、专利商标或习惯命名。由商品名称可以了解到基材品质、配方、添加剂、工艺及材料性能等信息;习惯名称是沿用已久的习惯叫法,如聚酯纤维习惯称涤纶,聚丙烯腈纤维习惯称腈纶等。高分子材料的标准英文名称缩写因简洁方便在国内外被广泛采用。

(三)高分子材料的分类

高分子材料的种类繁多,各有其特色,下面简单介绍四种分类方法。

(1)根据来源。根据高分子化合物的来源可分为天然高分子材料、半天然高分子材料和合成高分子材料三大类。天然橡胶、纤维素、淀粉和蛋白质等为天然高分子材料;醋酸纤维和改性淀粉等为半天然高分子材料;聚乙烯、顺丁橡胶和聚酯纤维等为合成高分子材料。

(2)使用性能。根据高分子材料的使用性能可分为塑料、橡胶、纤维、胶黏剂和涂料五大类。聚乙烯、聚丙烯、聚氯乙烯等为塑料;天然橡胶、顺丁橡胶、丁苯橡胶等为橡胶;纤维素、蚕丝、聚酰胺纤维等为纤维;天然树脂漆、酚醛树脂漆、醇酸树脂漆、丙烯酸树脂漆等为涂料;氯丁橡胶胶黏剂、聚乙烯醇缩醛胶等为胶黏剂。

(3)热性质。根据高分子材料的热性质可分为热塑性高分子材料和热固性高分子材料两大类。聚乙烯、聚丙烯、聚氯乙烯等为热塑性高分子材料;氨基树脂、酚醛树脂、环氧树脂等为热固性高分子材料。

(4)主链结构。根据高分子化合物的主链结构可分为碳链高分子材料、杂链高分子材料和元素高分子材料三大类。聚乙烯、聚氯乙烯、聚苯乙烯等为碳链高分子材料;氨基树脂、酚醛树脂、环氧树脂等为杂链高分子材料;有机硅树脂、聚膦腈等为元素高分子材料。

二、高分子化合物的结构

高分子的结构通常分为高分子的链结构和高分子的聚集态结构两部分。高分子的链结构是指单个高分子链的结构和形态，包括近程结构和远程结构。近程结构属于化学结构，也称一级结构，包括高分子链中原子的种类和排列、取代基和端基的种类、结构单元的排列顺序、支链类型和长度等。远程结构是指分子的尺寸、形态，链的柔顺性以及分子在环境中的构象，也称二级结构。聚集态结构是指高分子材料整体的内部结构，包括晶态结构、非晶态结构、取向态结构、液晶态结构等高分子链间堆积结构，即三级结构。以三级堆积结构为单位进一步堆砌形成的结构，即四级结构。

高分子的链结构是反映高分子各种特性的最主要的结构层次；聚集态结构则是决定聚合物制品使用性能的主要因素。

（一）高分子化合物的化学结构

1.高分子链结构单元的化学组成

高分子链的化学组成不同，聚合物的化学和物理性质也不同，按其主链结构单元可分为以下几大类。

（1）碳链高分子。分子主链全部由碳原子以共价键相联结的碳链高分子，大多数由加聚反应制得，如聚乙烯、聚丙烯、聚苯乙烯等。大多数碳链高分子具有可塑性好、容易加工成型等优点，但耐热性较差，且易燃烧，易老化。

（2）杂链高分子。分子主链除了碳原子外，还有其他原子如氧、氮、硫等存在，如聚酯、聚酰胺、聚甲醛等，其多由缩聚反应或开环聚合而制得，具有较高的耐热性和机械强度。因主链带有极性，所以容易水解。

（3）元素有机高分子。主链中不含碳原子，而由硅、硼、磷、铝、钛、砷等元素和氧原子组成，侧链则是有机基团，故元素有机高分子兼有无机高分子和有机高分子的特征，其优点为具有较高的热稳定性、耐寒性、弹性和塑性，缺点是强度较低。例如各种有机硅高分子。

（4）无机高分子。主链上不含碳原子，也不含有机基团，而完全由其他元素组成。如二硫化硅、聚二氯一氮化磷，这类元素的成链能力较弱，所以聚合物分子量不高，并容易水解。

2.高分子链结构单元的键接方式

(1)均聚物结构单元顺序。在缩聚和开环聚合中,结构单元的键接方式是明确的。加聚过程中,单体可以按头—头、尾—尾、头—尾三种形式键接,其中以头—尾键接为主。在双烯类高聚物中,高分子链结构单元的键接方式较为复杂,除头—头(尾—尾)和头—尾键接外,还根据双键开启位置有不同的键接方式,同时可能伴随有顺反异构等。例如,丁二烯 CH_2＝CH—CH＝CH_2 在聚合可以导致 1,2-加成、顺式 1,4-加成、反式 1,4-加成结构等。单元的键接方式对高聚物材料的性能有显著的影响,例如 1,4-加成是线形高聚物;1,2-加成则有支链,作橡胶用时会影响材料的弹性。

(2)共聚物的序列结构。按其结构单元在分子链内排列方式的不同,可分为无规共聚物、交替共聚物、嵌段共聚物和接枝共聚物。

无规共聚物的分子键中,两种单体的无规则排列,改变了结构单元及分子间的相互作用,使其性能与均聚物有很大的差异。例如,聚乙烯、聚丙烯为塑料,而乙烯-丙烯为共聚物,当丙烯含量较高时则为橡胶。接枝与嵌段共聚物的性能既不同于类似成分的均聚物,又不同于无规共聚物,因此可利用接枝或嵌段的方法对聚合物进行改性,或合成特殊要求的新型聚合物。例如,聚丙烯腈接枝 10％聚乙烯的纤维,既可保持原来聚丙烯腈纤维的物理性能,又使纤维的着色性能增加了三倍。

3.高分子链的几何形态

高分子的性能与其分子链的几何形态也有密切关系,高分子链的几何形状通常分成如下几种。

(1)线形高分子。一般无支链,自由状态是无规线团,在外力拉伸下可得锯齿形的高分子链。这类高聚物由于大分子链之间没有任何化学键连接,因此其柔软、有弹性,在加热和外力作用下,分子链之间可产生相互位移,并在适当的溶剂中溶解,可热塑成各种形状的制品,故常称为热塑性高分子,包括聚乙烯、定向聚丙烯、无支链顺式 1,4-丁二烯等。

(2)支链高分子。在主链上带有侧链的高分子为支链高分子。支链高分子也能溶于适当的溶剂中,并且加热能熔融。短支链使高分子链之间的距离增大,有利于活动,流动性好;而支链过长则阻碍高分子流动,影响结晶,降低弹性。总的来说,支链高分子堆砌松散、密度低、结晶度低,因而硬度、强度、耐腐蚀性等也随之降低,但透气性增加。

（3）交联高分子。高分子链之间的交联作用是通过支链以化学键连接形成的。交联后成为网状结构的大分子，称为交联高分子，最常见的例子是硫化橡胶。交联高分子为既不溶解也不能熔融的网状结构，故其耐热性好、强度高、抗溶剂力强且形态稳定，如硫化橡胶、酚醛树脂、脲醛树脂等。但是在合成橡胶中过度的交联也会影响产品的质量。

4.高分子链的构型

链的构型是指分子中由化学键所固定的原子在空间的相对位置和排列，这种排列非常稳定，要改变构型必须经过化学键的断裂和重组。构型异构体包括旋光异构体和几何构体两类。

（二）高分子化合物的二级结构

1.高聚物的分子量及分子量分布

高聚物的分子量有两个特点：①分子量大；②分子量的多分散性。绝大多数高分子聚合物由于聚合过程比较复杂，生成物的分子量都有一定分布，都是分子量不等的同系物的混合物。正因为高聚物分子量的多分散性，所以其分子量或聚合度只是一个平均值，只有统计意义。

高聚物的分子量显著地影响其物理—机械性能，实践证明，每种聚合物只有达到一定的分子量才开始具有力学强度，此分子量称为临界分子量 M_c（或临界聚合度 DP_c）。不同聚合物的 M_c 不同，极性高聚物的 DP_c 约为 40，非极性高聚物的 DP_c 则为 80，超过 DP_c 后机械强度随聚合度增加而迅速增大，但当聚合度为 $600\sim700$ 时，分子量再增加对聚合物的机械强度的影响就不明显了。另外，随着分子量的增大，聚合物熔体的黏度也增高，给加工成型带来困难，所以对聚合物的分子量要全面考虑，控制在适当的范围内。

2.高分子链的柔顺性

高分子长链能不同程度卷曲的特性称为柔性。长链高分子的柔性是决定高分子形态的主要因素，对高分子的物理力学性能有根本的影响。主链结构对高分子链的刚柔性起决定性作用，主链上的 C-O、C-N、Si-O、C-C 单键都是有利于增加柔性的基本结构，尼龙、聚酯、聚氨酯等都是柔性链；主链上的芳环、大共轭结构将使分子链僵硬，柔性降低，如聚亚苯基等。环境的温度和外力作用快慢等则是影响高分子柔性的外因。温度愈高,热运动愈大,分子内旋转愈自由,故分子链愈柔顺;外力作用快,大分子来不及运动,也能表现出刚性或脆性。例如,柔软的橡胶轮胎在低温下或高速运行中显得僵硬。

(三)高分子化合物的三级结构

高聚物借分子间力的作用聚集成固体,又按其分子链的排列有序和无序而形成晶态和非晶态。根据分子在空间排列的规整性可将高聚物分为晶态、部分晶态和非晶态三类。通常线型聚合物在一定条件下可以形成晶态或部分晶态,而体型聚合物为非晶态。通常结晶度越高,高分子间作用力越强,高分子化合物的强度、硬度、刚度和熔点越高,耐热性和化学稳定性也越好,而与链有关的性能如弹性、伸长率、冲击强度则越低。聚合物的结晶度一般为 30%～90%,特殊情况下可达 98%。

在某种高分子材料中,可能同时存在晶态结构、非晶态结构、液晶态结构和取向态结构中的至少两种结构,以这些结构构成的新结构为四级结构,又称高级结构或织态结构。四级结构和其他三个高分子结构层次共同决定了高分子材料的最终性能。

三、高分子材料的性能

高分子材料与低分子化合物相比,在性能上具有一系列新的特征。

(一)力学性能

力学性能指在外力作用下,高聚物应力与应变之间所呈现的关系,包括弹性、塑性、强度、蠕变、松弛和硬度等。当高聚物用作结构材料时,这些性能尤其显得重要,与金属材料相比,高分子材料的力学性能具有如下特点:

(1)低强度。高聚物的抗拉强度平均约为 $100 \ MN \cdot m^{-2}$,比金属材料低得多。通常热塑性材料 $\sigma_b = 50 \sim 100 \ MN \cdot m^{-2}$,热固性材料 $\sigma_b = 30 \sim 60 \ MN \cdot m^{-2}$,玻璃纤维增强尼龙的增强材料 $\sigma_b \approx 200 \ MN \cdot m^{-2}$,橡胶的强度更低,但由于高聚物密度小,故其比强度较高,在生产应用中有着重要意义。

(2)高弹性和低弹性模量。这是高聚物材料特有的性能,橡胶为典型高弹性材料,弹性变形率为 100%～1000%,弹性模量为 $10 \sim 100 \ MN \cdot m^{-2}$,

约为金属弹性模量的千分之一；塑料因其使用状态为玻璃态，故无高弹性，但其弹性模量也远比金属低，约为金属弹性模量的十分之一。

（3）黏弹性。高聚物在外力作用下同时发生高弹性变形和黏性流动，其变形与时间有关，这一性质称为黏弹性。高聚物的黏弹性表现为蠕变、应力松弛、内耗三种现象。蠕变是在应力保持恒定的情况下，应变随时间的延长而增加的现象；应力松弛是在应变保持恒定的情况下，应力随时间延长而逐渐衰减的现象；内耗是在交变应力作用下出现的黏弹性现象。

（4）高耐磨性。高聚物的硬度比金属低，但耐磨性却优于金属，尤其是塑料更为突出。塑料的摩擦系数小，有些塑料本身就具有自润滑性能。而橡胶则相反，其摩擦系数大，适合具有较大摩擦系数的耐磨零件。

（二）电学性能

高聚物是具有优良介电性能的绝缘材料，高聚物绝缘体的分子是通过原子共价键结合而成的，没有自由电子和自由离子，分子间的距离较大，电子云重叠很差，故导电能力极低、介电常数小、介电耗损低。

自20世纪20年代起，人们开始研究一些高聚物如硬橡胶、橡皮、赛璐珞等的压电性能，压电高聚物具有许多无机压电材料所不备的特点，如力学性能好、易于加工、价格便宜。其缺点是压电常数小、熔融温度和软化点也较低。迄今研究最多的压电高聚物是聚偏氟乙烯，由其薄膜做成的电声换能器已商品化；其还可作触诊传感器，应用于炮弹引信、地应力测试等。

高聚物的热电性是指温度变化时，高聚物薄膜的极化发生变化的性质。高聚物热电性和压电性密切相关，但机理尚不够清楚。高聚物热电薄膜的热电系数比无机热电材料要小，由于其力学性能好、加工方便、导热系数很小，在热电方面的应用颇引人注目。聚偏氟乙烯薄膜可做成热电检测器，特别适用于宽频谱响应和大面积场合，可用于军事夜间监测、防盗、防灾、监视人流及静电复印等。

高聚物被接触和摩擦会引起显著的静电现象，一般情况下，静电对高聚物的加工和使用不利，影响人身或设备安全，甚至会引起火灾或爆炸等事故。实际中主要的解决方法是提高高聚物表面传导以使电荷尽快泄漏。目前工业上广泛采用抗静电剂，就是提高高聚物表面电导。例如，用烷基二苯醚磺酸钾作涤纶片基的抗静电涂层时，可使其表面电阻率降低7~8个数量级。

（三）光学性能

高聚物重要而实用的光学性能有吸收、透明度、折射、双折射、反射等，是入射光的电磁场与高聚物相互作用的结果。高聚物光学材料具有透明、不易破碎、加工成型简便和廉价等优点，可制作镜片、导光管和导光纤维等；可利用光学性能的测定研究高聚物的结构，如聚合物种类、分子取向、结晶等；用有双折射现象的高聚物作光弹性材料，可进行应力分析；可利用界面散射现象制备彩色高聚物薄膜等。

利用光在高聚物中能发生全内反射的原理可制成导光管，在医疗上可用来观察内脏。如用聚甲基丙烯酸甲酯作内芯，外层包一层含氟高聚物即可制成传输普通光线的导光管；用高纯的钠玻璃为内芯、氟橡胶为外层，可制成能通过紫外线的导光管。

（四）热学性能

高聚物最基本的热学性能是热膨胀、比热容、热导率，其数值随状态（如玻璃态、结晶态等）和温度而变，并与制品的加工和应用有密切关系。高聚物热学性能受温度的影响比金属、无机材料大。其特点如下：

（1）低耐热性。由于高分子链受热时易发生链段运动或整个分子链移动，导致材料软化或熔化，使性能变坏，故耐热性差。对于不同的高分子材料，其耐热性评定的判据不同，例如，对于塑料来说是指在高温下能保持高硬度和较高强度的能力；对于橡胶来说是指在高温下保持高强度的能力。

（2）低导热性。高分子材料内部无自由电子，且分子链相互缠绕在一起，受热时不易运动，故导热性差，约为金属材料导热性的 $1\% \sim 1‰$。热导率越小的高聚物，其绝热隔音性能越好，高聚物发泡材料可作为优良的绝热隔音材料，在相同孔隙率下，闭孔发泡材料比开孔材料的绝热隔音效果好。常用的制品有脲醛树脂、酚醛树脂、聚苯乙烯、橡胶和聚氨酯类发泡材料，后两者为弹性体，兼有良好的消振作用。

（3）高膨胀性。高分子材料的线膨胀系数大，为金属材料的 $3 \sim 10$ 倍。这是由于受热时分子间结合力减小，分子链柔性增大，故产生明显的体积和尺寸的变化。高聚物热膨胀系数较大的制品，其尺寸稳定性也较差。因此，在制造高分子复合材料时，两种材料之间的热膨胀性能不应相差太大。

（五）化学稳定性

高分子材料在酸碱等溶液中有优良的耐腐蚀性能，这是由于高分子材料中无自由电子，因此高分子材料不受电化学腐蚀而遭受破坏；同时高分子材料的分子链相互缠绕在一起，许多分子链基团被包在里面，即使接触到能与分子某一基团起反应的试剂，也只有露在外面的基团才比较容易与试剂反应，所以高分子材料的化学稳定性很高。但要注意，有些高分子材料与某些特定溶剂相遇时，会发生"溶胀"现象，使尺寸增大，性能恶化。因此在使用高分子材料的过程中必须要注意所接触的介质或溶剂。

四、常用高分子材料

（一）塑料

1. 塑料的概述

塑料是高分子材料中最主要的品种之一，产量约占合成高分子材料总量的 $70\% \sim 75\%$，其质量轻（密度约为 $0.9 \sim 2.2$ kg·m^3，仅为钢铁的 $1/4 \sim 1/8$）、比强度高、电绝缘性好（约 $10^{10} \sim 10^{20} \Omega$·cm）、耐化学腐蚀、耐辐射、容易成型；但其力学性能差、表面硬度低、大多数易燃、导热性差，使用温度范围窄。塑料的品种很多，增长速度很快，用途广泛。

(1) 按加工条件下的流变性能分。第一，热塑性塑料。热塑性塑料指在特定温度范围内具有可反复加热软化、冷却硬化特性的塑料品种，如聚乙烯、聚丙烯、聚苯乙烯、聚氯乙烯等。热塑性塑料具有线型高分子链结构。

第二，热固性塑料。热固性塑料指具有不溶、不熔的特性，经加工成型后，形状不再改变，若加热则分解的品种，如聚氨酯、环氧树脂、酚醛树脂等。

(2) 若按使用性能分。第一，通用塑料。通常指产量大、成本低、通用性强的塑料，如聚氯乙烯、聚乙烯等。

第二，工程塑料。工程塑料具有较高的力学性能，耐热、耐腐蚀，可以代替金属材料用作工程材料或结构材料的一类塑料，如聚酰胺（尼龙）、聚甲醛、聚碳酸酯等。

第三，特种塑料。特种塑料是具有某些特殊性能的塑料，如耐高温、耐腐蚀等，此类塑料产量少，价格较贵，只用于特殊需要场合。

随着塑料应用范围不断扩大,工程塑料和通用塑料之间的界限很难划分。如聚乙烯可用于化工机械(工程塑料),也可用在食品工业(通用塑料)。

2.塑料的应用

(1)热固性塑料。

第一,酚醛塑料(PF)。酚醛塑料由酚醛树脂外加添加剂构成,是世界上最早实现工业化生产的塑料,在我国热固性塑料中占第一位。由于在酚醛树脂中存在着烃基和烷甲基等极性基团,因此它与金属或其他材料的黏附力好,可用作黏结剂、涂料、层压材料及玻璃钢的原料和配料。又因酚醛树脂中苯环多、交联密度大,故有一定的机械强度、耐热性较好,且成型工艺简单、价格低廉,因此广泛用于机械、汽车、航空、电器等工业部门。酚醛树脂的缺点是颜色较深、性脆、易被碱侵蚀等。改性酚醛树脂是当今研究热点之一。

第二,环氧塑料(EP)。环氧塑料是在环氧树脂中加入固化剂填料或其他添加剂后制成的热固性塑料。环氧树脂是很好的胶黏剂,有"万能胶"之称,在室温下容易调和固化,对金属和非金属都有很强的胶黏能力。EP 具有较高的强度、韧性,在较宽的频率和温度范围内具有良好的电性能,通常具有优良的耐酸、耐碱及有机溶剂的性能,还能耐大多数霉菌、耐热、耐寒。

第三,氨基塑料。氨基塑料是以氨基树脂(含有 $-NH_2$ 基团的热固性树脂)为基本成分的热固性塑料,其中产量最大的是脲醛树脂和三聚氰胺甲醛树脂。脲醛树脂是尿素与甲醛经加成缩聚而得到的体型热固性树脂,分子中含有氮原子,故不易燃烧。烃甲基可以和纤维素分子形成醚键,所以和木材、棉织品、纸等黏结性能好。用其处理织物,可降低收缩率,提高耐折性。三聚氰胺甲醛树脂的用途与脲醛树脂相似,可制成压缩粉、层压材料、涂料等,且耐水性较好。用其处理织物,能防水、防皱、防缩,效果较脲醛树脂好。

(2)热塑性塑料。

第一,聚氯乙烯(PVC)。聚氯乙烯是以碳链为主链的线型结构的大分子,由氯乙烯通过自由基加聚反应合成,属于热塑性的高聚物。优点是耐化学腐蚀、不燃烧、成本低、易于加工。缺点是耐热性差、冲击强度低、有一定的毒性。根据添加剂的不同,聚氯乙烯制品可分为软聚氯乙烯塑料和硬聚氯乙烯塑料。软聚氯乙烯塑料可以制成各种包装、保温、防水用的薄膜、软管、人造革、软带绝缘电缆、日用品等;硬聚氯乙烯塑料可作硬管、板,可以焊接加工制成各种生产设备代替金属,还可制成软、硬泡沫塑料。

第二,聚乙烯(PE)。世界塑料品种中产量最大的品种,具有 50 多年的工业化生产历史,其价格便宜、性能优良、发展速度快、应用面最广。按其生产方法可分为高压聚乙烯(低密度聚乙烯)和低压聚乙烯(高密度聚乙烯)。高压聚乙烯的质地柔软、较透明,具有良好的机械强度、化学稳定性,且耐寒、耐辐射、无毒,在工农业和国防上被广泛用作包装薄膜、农用薄膜、电缆等;低压聚乙烯的质地柔韧,机械强度较高压聚乙烯大,可供制造电气、仪表、机器的各种壳体和零部件等,也可以抽丝做成渔线、渔网。

第三,聚丙烯(PP)。丙烯单体来自石油和石油炼制产物或天然气的裂解产物,在催化剂作用下,以配位聚合反应聚合而成。聚丙烯是无色透明的塑料,机械性能好,具有较高的抗张强度,弹性好而表面强度大,质轻,相对密度仅为 0.90~0.91,是目前已知常用塑料中相对密度最小的一种。其主要缺点是低温易脆化、易受热、光作用变质、易燃等。聚丙烯可用作电气元件、机械零件、电线包皮等工业制品,也可以用其做餐盒、药品、食品的包装等。

第四,聚苯乙烯(PS)。聚苯乙烯的世界产量仅次于聚乙烯、聚氯乙烯、聚丙烯,在通用塑料中居第四位,聚苯乙烯由单体苯乙烯通过自由基聚合反应而得到,为非极性线型高聚物。聚苯乙烯呈现刚性、性脆。其机械性能一般,抗张强度、抗冲击强度、弯曲强度随相对分子质量增大而增大;不溶于醇,溶于芳烃、卤代烷、酯、醚键等大多数溶剂;透明度大于 80%,吸水率小,电性能非常好,是很好的高频绝缘材料。聚苯乙烯最大的缺点是质脆、内应力大、不耐冲击、软化点低。可以通过改性增加链的柔顺性以提高聚苯乙烯的耐冲击性和耐热性,聚苯乙烯主要应用于制作光学玻璃及仪器、包装材料、电气零件等。

(3)常用工程塑料。

第一,聚酰胺(PA)。聚酰胺是最早发现的热塑性塑料,是指主链上含有酰胺基团(－NHCO－)的高分子化合物,其商品名称是尼龙或锦纶,是目前机械工业中应用比较广泛的一种工程材料。尼龙-6 是己内酰胺的聚合物,是工程塑料中发展最早的品种,在产量上居工程塑料之首。尼龙的品种很多,其中尼龙-1010 是我国独创的,是用蓖麻油为原料制成的。聚酰胺用于纤维工业,突出的特点是断裂强度高、抗冲击负荷、耐疲劳、与橡胶黏附力好,被大量地用作结构材料,也可用作输油管、高压油管和储油容器等。

第二,聚甲醛(PM)。聚甲醛是由甲醛聚合而成的线性高密度、高结晶的高分子化合物,是继尼龙之后发展的优良工程塑料,具有良好的物理、机械和化学性能,尤其是优异的摩擦性能。按分子链化学结构不同,可分为共聚聚甲醛和均聚聚甲醛两类。聚甲醛的主要缺点是热稳定性差,所以必须严格控制成型加工温度。它遇火会燃烧,长期在大气中曝晒还会老化。因此室外使用,必须加稳定剂。聚甲醛用于制造工业零件代替有色金属和合金等,在汽车、机床、化工、仪表、农机、电子等行业得到广泛的使用。

第三,聚碳酸酯(PC)。聚碳酸酯是20世纪50年代末60年代初发展起来的一种材料。其种类很多,目前大规模生产的是双酚A型聚碳酸酯。聚碳酸酯属于非结晶型聚合物,其结构中有较柔软的碳酸酯链和刚性的苯环,因而它具有许多优良的性能,近年来发展很快,产量仅次于尼龙。聚碳酸酯的化学稳定性好、透明度高、成型收缩率小、机械性能优异,尤其是具有优良的抗冲击强度。聚碳酸酯的缺点是疲劳强度低、易造成应力开裂。

聚碳酸酯在各行各业得到广泛的使用,可以代替黄铜,制作各种电子仪器的通用插头,成本可降低60%,质量仅为黄铜的1/10;广泛用作耐高击穿电压和绝缘性的零部件等。聚碳酸酯还广泛用于医疗、机械、仪表、纺织、电器、建筑等方面。

第四,ABS塑料。ABS塑料是由丙烯腈(A)、丁二烯(B)和苯乙烯(S)三种单体以苯乙烯为主体共聚而成的树脂。ABS塑料兼有三种组分的综合特点,A使其耐化学腐蚀、耐热,并有一定的表面硬度;B使其具有高弹性和韧性;S使其具有热塑性塑料的加工成形特征并改善其电性能,因此,ABS树脂具有耐热、表面硬度高、尺寸稳定、良好的耐化学性及电性能、易于成型和机械加工等特点。ABS树脂的缺点是耐热性不够高,如不耐燃、不透明、耐候性差。综合而言,ABS塑料是一种原料易得、综合性能好、价格低廉、用途广泛的材料,在家用电器、洁具、电器制造、汽车等工业领域得到广泛应用。

第五,聚四氟乙烯(PTFEH或F-4)。聚四氟乙烯塑料是单体四氟乙烯的均聚物,是一种线型结晶态高聚物。聚四氟乙烯为含氟树脂中综合性能最突出的一种,其应用最广、产量最大,约占氟塑料总产量的85%。由于分子链中有氟原子和稳定的碳氟键,使这种氟塑料具有耐热、耐寒、低摩擦系数、良好的自润滑性、优异的耐化学腐蚀性,有"塑料王"之称。其具有优良的电性能,是目前所有固体绝缘材料中介电损耗最小的。但聚四氟乙烯强度、硬度低,加热后黏度大,只能用冷压烧结方法成型。目前聚四氟乙烯常被用来作热性高、介电性能好的电工器材和无线电零件，耐腐蚀的密封件、化工设备和元器件，机械工业中耐磨件的材料，以及航天、航空和核工业中的超低温材料等。

(二)橡胶

1.橡胶的概述

橡胶与塑料的区别是在很宽的温度范围内（$-50℃\sim150℃$）处于高弹态，具有显著的高弹性。其最大特点是具有良好的柔顺性、易变性、复原性，因而广泛用于弹性材料、密封材料、减磨材料、防振材料和传动材料，在工业、农业、交通、国防、民用等领域有着重要的实际应用价值。

(1)橡胶的组成。纯橡胶的性能随温度的变化有较大的差别，高温时发黏、低温时变脆，易于溶剂溶解。因此，其必须添加其他组分且经过特殊处理后制成橡胶材料才能使用。其组成包括：

第一，生胶。生胶是橡胶制品的主要组分，对其他配合剂来说起着黏结剂的作用。使用不同的生胶可以制成不同性能的橡胶制品，其来源可以是天然的，也可以是合成的。

第二，橡胶配合剂。橡胶配合剂主要有硫化剂、硫化促进剂、防老化剂、软化剂、填充剂、发泡剂及染色剂。加入配合剂是为了提高橡胶制品的使用性能或改善其加工工艺性能。

(2)橡胶的种类。实际应用的橡胶种类达20余种，有多种分类方法，但基本上可以分为天然橡胶和合成橡胶两大类。

第一，天然橡胶。天然橡胶是橡树上流出的胶乳，经过凝固、干燥、加压等工序制成生胶，橡胶的质量分数在90%以上。天然橡胶是以异戊二烯为主要成分的不饱和状态的天然高分子化合物。天然橡胶有较好的弹性，弹性模量约为 $3\sim6$ MN·m^{-2}；有较好的机械性能，硫化后拉伸强度为 $17\sim29$ MN·m^{-2}；有良好的耐碱性，但不耐浓强酸，还具有良好的电绝缘性，广泛用于制造轮胎等橡胶工业。其缺点是耐油性差，耐臭氧老化性差，不耐高温。

第二，合成橡胶。合成橡胶是一类合成弹性体，按其用途分为通用合成橡胶、特种合成橡胶两类。通用合成橡胶的性能与天然橡胶相近，主要用于制造各种轮胎、日常生活用品和医疗卫生用品等；特种合成橡胶具有耐寒、耐热、耐油、耐腐蚀等特殊性能，用于制造在特定条件下使用的橡胶制品。

通用合成橡胶和特种合成橡胶之间并没有严格的界线,有些合成橡胶兼具上述两方面的特点。

2.橡胶的应用

世界合成橡胶产量已经大大超过天然橡胶,合成橡胶的种类有很多,其中产量最大的是丁苯橡胶,约占合成橡胶的 50%;其次是顺丁橡胶,约占 15%,两者都是通用橡胶。另外,还有产量较小、具有特殊性能的合成橡胶,如耐老化的乙丙橡胶、耐油的丁腈橡胶、不燃的氯丁橡胶、透气性小的丁基橡胶等。

(1)丁苯橡胶(SBR)。SBR 是含 3/4 丁二烯、1/4 苯乙烯的共聚物,是典型的通用合成橡胶。其优点为质量均一、硫化速率快、生产工艺易控、耐候性好、价格低廉等。缺点是生胶强度低、黏附性差、收缩大、成型困难等。主要用于制作空心轮胎、软管、轧辊、胶布、模型等。

(2)顺丁橡胶(BR)。BR 是由丁二烯聚合而成,又称聚丁二烯橡胶。优点是回弹性非常高、受震动时内部发热少、耐磨耗性优良、掺和性能良好、价格低廉等。缺点是强度很低、抗撕裂性差、储藏较难等。顺丁橡胶大多是与天然橡胶或者丁苯橡胶掺和使用,主要用于制造胶带、减震部件、绝缘零件、轮胎等。

(3)异戊橡胶。因其主要成分为聚异戊二烯与天然橡胶一致,故其化学结构和物理力学性能都与天然橡胶非常相似,因此被称为"合成天然橡胶",能作为天然橡胶的代用品。其耐弯曲开裂性、电性能、内发热性、吸水性、耐老化性等均优于天然橡胶。但强度、刚性、硬度则要比天然橡胶差一些,价格高于天然橡胶。异戊橡胶可作浅色制品,凡能使用天然橡胶的领域均适用。

(4)硅橡胶。由有机硅氧烷与其他有机硅单体共聚而成,具有高的耐热和耐寒性,在 $-100℃\sim350℃$ 保持良好的弹性,抗老化、绝缘性好。其缺点是强度低,耐磨、耐酸碱性差,价格高。主要用于制造飞机和宇航中的密封件、薄膜和耐高温的电线、电缆等。

(5)氯丁橡胶。氯丁橡胶(CR)是由单体氯丁二烯经乳液聚合而得,具有高弹性、高绝缘性、高强度、耐油、耐溶剂等优点。物性上处于通用橡胶和特种橡胶之间,有"万能橡胶"之称。主要缺点是耐寒性差、相对密度较大($1\sim25$ g·cm^{-3})、生胶稳定性差等。氯丁橡胶主要用于制作输送带、风管、电缆、输油管等。

（三）纤维

1. 纤维的概述

纤维是指在室温下分子的轴向强度很大，受力后变形较小，在一定温度范围内力学性能变化不大的高聚物材料。纤维材料分为天然纤维与化学纤维两大类，而化学纤维又可分为人造纤维和合成纤维两种。

（1）天然纤维。常见的天然纤维有棉、羊毛、蚕丝和麻等。棉花和麻的主要成分是纤维素，棉纤维是外观具有扭曲的空心纤维，其保暖性、吸湿性和染色性好，纤维间抱合力强。羊毛由两种吸水能力不同的成分组成，是蛋白质纤维；蚕丝的主要成分也是蛋白质，同属天然蛋白质纤维。

（2）化学纤维。人造纤维是以天然高分子材料作原料，经化学处理与机械加工而制得的纤维。再生纤维是人造纤维中最主要的产品。以绵短绒、木材等为原料用烧碱和二氧化碳处理，纺丝制得的纤维称再生纤维素纤维，如黏胶纤维，干燥时强度胜过羊毛或蚕。以玉米、大豆、花生以及牛乳酪素等蛋白质为原料制得的纤维称再生蛋白质纤维。人造纤维是人造丝和人造棉的通称。合成纤维是以合成高分子材料为原料经纺丝制成的纤维，用于制备纤维的聚合物必须能够熔融或溶解，有较高的强度，较好的耐热性、染色性、抗腐蚀性等。

2. 纤维的应用

世界合成纤维品种繁多，其产量已超过了人造纤维的产量。合成纤维强度高、耐磨、保暖，不会发生霉烂，大量用于工业生产以及各种服装等，其中聚酯纤维、尼龙、聚丙烯腈纤维被称为三大合成纤维，产量最大。

（1）聚酯纤维（PET）。聚酯纤维又称涤纶或的确良，是生产量最大的合成纤维。涤纶的化学组成是聚对苯二甲酸乙二醇酯。其特点是强度高，耐日光稳定性仅次于腈纶，耐磨性稍逊于锦纶，热变定性特别好，即便被水润湿也不走样，经洗耐穿，可与其他纤维混纺，是很好的衣料纤维。缺点是因为疏水性，不吸汗，与皮肤不亲和，而且需高温染色。目前，大约90％的涤纶用作衣料，75％用作纺织品，15％用作编织品，6％左右用于工业生产，如制造轮胎帘子线、传送带、渔网、帆布、缆绳等。

（2）聚酰胺纤维。聚酰胺纤维又称尼龙、锦纶或耐纶。尼龙（nylon）开始是杜邦公司的商品名，现在已成为通用名称，具有强韧高、弹性高、质量轻、染色性好等优点,因拉伸弹性好较难起皱、抗疲劳性好,是比蜘蛛丝还细、比钢丝还强的纤维。缺点是保暖性、耐热性和耐光性偏弱,杨氏模量小,做衣料易变形、褪色。但目前仍为代表性合成纤维,约 1/2 的锦纶用作衣料,约 1/6 用作做轮胎帘子线,约 1/3 用于其他工业生产。

(3)聚丙烯腈纤维。聚丙烯腈纤维又称腈纶、奥纶或开司米,包括丙烯腈均聚物及其共聚物纤维,前者缩写为 PAN,杜邦公司 1950 年工业化的"奥纶"是其代表性产品;后者是与氯乙烯或偏二氯乙烯的共聚产品,几乎都是短纤维。其主要优点是蓬松柔软、轻盈、保暖性好,性能极似羊毛,故有"人造羊毛"之称。缺点是吸水率低(1%~2%),所以不适合作贴身内衣,强度不如涤纶和尼龙,耐磨性差,甚至不及羊毛和棉花。目前,大约 70% 的腈纶用作衣料,25% 用作编织物,5% 用于工业生产。

(4)维尼纶纤维 PVA。商品名为维尼纶,产自日本。特点是具有与棉花相似的特性,几乎都是短纤维,吸湿率达 5%,和锦纶相等,与棉花(7%)相近,热定型、耐候性好。70% 用于工业,其中布和绳索居多,也可代替棉花作衣料用。

(5)聚丙烯纤维(丙纶)。聚丙烯纤维产自意大利,是最轻的纤维(相对密度 0.91),强度好,吸湿率 6%,属于耐热性低的纤维。约 30% 的丙纶用于室内装饰,30% 用作被褥棉,10% 用于医疗,15% 用于工业绳索,其余用于其他工业。

(四)涂料

1.涂料的概述

涂料是一种液态或粉末状态的物质,能均匀地涂覆在物体表面形成坚韧的保护膜,对物体起保护、装饰和标志等作用或赋予其一些特殊功能(如示温、发光、导电和感光等)的材料。涂料品种繁多,广泛用于人类日常生活、石油化工、宇航等多方面,开发高质量、低成本、易施工、环保涂料是目前涂料工业发展的方向。

(1)涂料的组成。

第一,成膜物质(黏料)。成膜物质是涂料的基本成分,原则上各种天然及合成聚合物均可作成膜物质。包括在一定条件下通过聚合或缩聚反应形成的膜层和由溶解于液体介质中的线型聚合物构成,通过挥发形成的膜层。

第二,颜料。颜料起装饰和抗腐蚀的保护作用。包括铬黄、铁红等无机颜料,铝粉、铜粉等金属颜料,炭黑、大红粉等有机颜料和夜光粉、荧光粉等特种颜料。

第三,溶剂。溶剂指用来溶解成膜物质的易于挥发性物质,常用的有甲苯、二甲苯、丁醇、丁酮、醋酸乙酯等。

第四,填充剂。填充剂也称增量剂或体质颜料,能改进涂料的流动性、提高膜层的力学性能和耐久性。主要有重晶石、碳酸钙、滑石、石棉、云母等粉料。

第五,催干剂。催干剂是促使聚合或交联的催化剂,有环烷酸、辛酸、松香酸、亚油酸的铝、锰、钴盐等。

第六,其他。包括增塑剂、增稠剂或稀释剂、颜料分散剂、杀菌剂、阻聚剂、防结皮剂等。

(2)涂料的种类。

第一,按性质分类。

油性涂料:即油基树脂漆,包括植物油加天然树脂或改性酚醛树脂为基的清漆、色漆及天然树脂类漆等。

合成树脂漆:包括酚醛树脂漆、醇酸树脂漆、聚氨酯树脂漆等,其形成的漆膜硬度高、耐磨性好、涂饰性能好,但使用有机溶剂量大,对环境和人体健康不利。

乳胶漆:也称乳胶涂料,属于水性涂料,以合成聚合物乳液为基料,将颜料、填料、助剂分散于其中形成的水分散系统。安全、无毒、施工方便、涂膜干燥快、成本低,但硬度和耐磨性差,主要品种有聚醋酸乙烯酯乳漆、丙烯酸酯乳漆系列。

粉末涂料:采用喷涂或静电涂工艺涂敷,包括热塑性粉末涂料,如聚乙烯、尼龙等;热固性粉末涂料,有环氧型和聚酯型,由反应性成膜物质等组成的混合物。

第二,按功能分类。

保护性涂料:防止化学或生物性侵蚀;装饰和色彩性涂料:用于美化环境或分辨功用;特殊功能性涂料:用于绝缘、防火、抗辐射、导电、耐油、隔音等。

2.涂料的应用

(1)合成树脂漆。合成树脂漆包括酚醛树脂漆、环氧树脂漆、醇酸树脂漆、聚氨酯树脂漆和丙烯酸树脂漆等,属油性涂料。其主要优点是耐蚀性和耐水性好、价格低、表面附着力强、干燥快、涂膜硬度高、耐磨等,主要用于家具、建筑、船舶、绝缘、汽车、电机、皮革等。

(2)乳胶涂料。乳胶涂料属水性涂料,是以合成聚合物乳液为基料,将颜色、填料、助剂分散于其中而形成的水分散系统。其主要优点是不污染环境、安全无毒、不燃烧、保色性好、涂膜干燥快等,主要用于建筑涂料。但涂膜的硬度和耐磨性能比树脂漆差。

(3)功能涂料。功能涂料是对材料改性或赋予其特殊功能的最简单方法,可根据不同要求使涂料具有各种功能。

第一,防火涂料。该涂料不但有一般涂料的功能,且具有防火功能。涂料本身不燃或难燃,能阻止底材燃烧或对其燃烧的蔓延起阻滞作用,以减少火灾的发生降低损失。

第二,防霉涂料。这是一种能抑制涂膜中霉菌生长的建筑涂料,主要用于食品加工厂、酿造厂、制药厂等车间与库房的墙面。

第三,防蚊蝇涂料又称杀虫涂料,除具有一般涂料的功能外,涂料中还含有杀虫药液,属接触性杀虫。

第四,伪装涂料。在各种设施或武器上涂一层该类涂料,或吸收雷达波,或防红外侦察、声纳探测等。迷彩涂料可以减少或消除目标背景的颜色,变色涂料可以实现光色互变等。

第五,导电涂料。涂料中含有导电微粒,可以导电也可以使涂层加热,用于电气、电子设备塑料外壳的电磁屏蔽、房间取暖和汽车玻璃防雾等。

第六,航空航天特种涂料。包括用于减少振动、降低噪声的阻尼涂料;用于宇航飞行器表面,防止高热流传入飞行器内部的防烧蚀涂料;可以保持航天器在各种仪器、设备和宇航员正常工作环境下的温控涂料。

(五)胶黏剂

1.胶黏剂的概述

胶黏剂又称"胶粘剂"或"胶",是指通过黏附作用使被黏物结合在一起,且结合处有足够强度的物质。

(1)胶黏剂的组成。胶黏剂是一种多组分的材料,一般由黏结物质、固化剂、增韧剂、填料、稀释剂、改性剂等组成。

第一,黏结物质也称为黏料,是胶黏剂中的基本组分,起黏结作用,一般多用各种树脂、橡胶类及天然高分子化合物作为黏结物质。

第二,固化剂是促使黏结物质通过化学反应加快固化的组分,可以增加胶层的内聚强度,是胶黏剂的主要成分。

第三,增韧剂是提高胶黏剂硬化后黏结层的韧性、抗冲击强度的组分,常用的有邻苯二甲酸二丁酯、邻苯二甲酸二辛酯等。

第四,稀释剂又称溶剂,主要是起降低胶黏剂黏度便于操作的作用,常用的有机溶剂有丙酮、苯、甲苯等。

第五,填料一般在胶黏剂中不发生化学反应,其能使胶黏剂的稠度增加,热膨胀系数、收缩性降低,抗冲击韧性和机械强度提高,常用的品种有滑石粉、石棉粉、铝粉等。

第六,改性剂是为了改善胶黏剂的某一方面性能,以满足特殊要求而加入的组分,例如为增加胶结强度可加入偶联剂,还可以分别加入防老化剂、防腐剂、防霉剂、阻燃剂、稳定剂等。

(2)胶黏剂的分类。胶黏剂的品种繁多,目前其分类方法较多,但无统一的分类标准。

按黏料或主要组成分类,有无机胶黏剂和有机胶黏剂。无机胶黏剂包括硅酸盐、磷酸盐、硼酸盐和陶瓷胶黏剂等,而有机胶黏剂可分为天然与合成两大类。天然胶黏剂包括动物性、植物性和矿物性三种,天然胶黏剂来源丰富,价格低廉,毒性低,但耐水、耐潮和耐微生物作用较差。在家具、书籍、包装、木材加工和工艺品制造等方面有着广泛的应用,其用量占胶黏剂约30%～40%。合成胶黏剂包括合成树脂型、合成橡胶型和树脂橡胶复合型。合成树脂型又包括热塑性和热固性两类,热塑性树脂胶黏剂有纤维素酯类、聚醋酸乙烯酯等;热固性树脂胶黏剂有酚醛树脂、脲醛树脂、环氧树脂和聚氨酯等。合成橡胶型有氯丁橡胶、丁苯橡胶等。树脂橡胶复合型有酚醛—氯丁橡胶、酚醛—聚氨酯橡胶等。合成胶黏剂一般有良好的电绝缘性、隔热性、抗震性、耐腐蚀性、耐微生物作用和较好的黏合强度,而且能针对不同用途要求来配制不同的胶黏剂,其品种多是胶黏剂的主力,其用量约占60%～70%。

按物理形态分类,有胶液(包括溶液型、乳液型和无溶剂的单体)、胶糊(包括糊状、膏状和腻子状)、胶粉、胶棒、胶膜和胶带等。按固化方式分类,有水基蒸发型(包括水溶液型,如聚乙烯醇胶水和水乳型,如聚醋酸乙烯酯乳液,即白胶)、溶剂挥发型(如氯丁橡胶胶黏剂)、热熔型、化学反应型和压敏胶。按胶接强度特性分类,有结构型胶黏剂、次结构型胶黏剂和非结构型胶黏剂。按用途分类,有通用胶黏剂、高强度胶黏剂、软质材料用胶黏剂、热熔型胶黏剂、压敏胶及胶黏带和特种胶黏剂（如导电胶、点焊胶、耐高温胶黏剂、耐低温胶黏剂、医用胶黏剂、光学胶、难黏材料用胶黏剂和导磁胶等）。

2.胶黏剂的应用

胶黏剂在人类生活各个方面和国民经济各个部门都有着广泛的应用，从儿童玩具、工艺美术品的制作到飞机、火箭的生产，处处都要用到胶黏剂。例如，一架波音 747 喷气式客机需用胶膜约 2500 m^2、一架 B-58 超音速轰炸机用约 400 kg 胶黏剂代替了 15 万只铆钉等。下面介绍几类典型胶黏剂的应用。

（1）环氧树脂胶黏剂。其基料主要为环氧树脂，应用最广泛的是双酚 A 型。由于环氧树脂胶黏剂的黏结强度高、通用性强，有"万能胶""大力胶"之称，已在航空航天、汽车、机械、建筑、化工、电子及日常生活各领域得到广泛的应用。环氧树脂胶黏剂的胶黏过程是一个复杂的物理和化学过程，胶接性能不仅取决于胶黏剂的结构、性能、被黏物表面的结构及胶黏特性，而且和接头设计、胶黏剂的制备工艺和储存以及胶接工艺密切相关，同时还受周围环境的制约。用相同配方胶接不同性质的物体，采用不同的胶接条件，或在不同的使用环境中，其性能会有极大的差别，应用时应充分给予重视。

（2）氯丁橡胶类胶黏剂。以氯丁橡胶为主体材料配制的各种胶黏剂统归为氯丁橡胶系列胶黏剂，被广泛用于布鞋、皮鞋的黏胶。该类材料具有良好的黏接性能，主要分为溶剂型氯丁橡胶胶黏剂和水基型氯丁橡胶胶黏剂。溶剂型氯丁橡胶胶黏剂品种繁多，归纳有普通型和接枝型两类。一般情况，普通型氯丁橡胶胶黏剂主要用于硫化橡胶、皮革和棉帆布等材料的黏接；接枝型氯丁橡胶胶黏剂主要用于聚氯乙烯人造革、皮革、硫化橡胶和热塑性弹性体等材料的黏接。

（3）酚醛改性胶黏剂。主要有酚醛—聚乙烯醇缩醛胶黏剂、酚醛—有机硅树脂胶黏剂和酚醛—橡胶胶黏剂。酚醛树脂具有优良的耐热性，但较脆，添加增韧剂既可改善脆性，又可保持其耐热性。改性酚醛树脂胶黏剂可用作结构胶黏剂，黏结金属与非金属，制造蜂窝结构、刹车片、砂轮、复合材料等，在汽车、拖拉机、摩托车、航空航天等领域获得广泛的应用。

（4）α-氰基丙烯酸酯胶。α-氰基丙烯酸酯胶是单组分、低黏度、透明、常温快干的固化胶黏剂，又称"瞬干胶"。其主要成分是 α-氰基丙烯酸酯，国产胶种有 501、502、504、661 等。α-氰基丙烯酸酯胶对绝大多数材料都有良好的黏结能力,是重要的室温固化胶种之一;不足之处是反应速度过快、耐水性较差、脆性大、保存期短,多用于临时性黏结。

(5)聚氨酯类胶黏剂。聚氨酯类胶黏剂是 20 世纪 60 年代开发出来的胶黏剂,按使用的原材料、工艺不同可分为聚酯型胶黏剂和聚醚型胶黏剂。用于制鞋业的胶黏剂是柔韧性、黏合性能较好的聚酯型聚氨酯胶黏剂。聚酯型聚氨酯胶黏剂又可分为溶剂型、热熔型和水乳型三大类。聚酯型聚氨酯胶黏剂因其结晶型强、强度高、弹性好而广泛用于皮革、橡胶、金属的黏接,其胶膜柔软、耐水、耐老化、耐热性能良好。

五、功能高分子材料

(一)功能高分子材料概述

功能高分子材料是指对物质、能量和信息具有传输、转换和储存功能的特殊高分子,一般是带有特殊功能基团的高分子,又称为精细高分子。按照其功能或用途所属的学科领域,可以将其分为物理功能高分子材料、化学功能高分子材料和生物功能高分子材料三大类。

物理功能高分子材料是指对光、电、磁、热、声、力等物理作用敏感并能够对其进行传导、转换或储存的高分子材料。它包括光活性高分子、导电高分子、发光高分子和液晶高分子等。

化学功能高分子材料是指具有某种特殊化学功能和用途的高分子材料,是一类最经典、用途最广的功能高分子材料。包括离子交换树脂、吸附树脂、高分子分离膜、高分子试剂和高分子催化剂等。

生物功能高分子是指具有特殊生物功能的高分子,包括高分子药物、医用高分子材料等。

(二)物理功能高分子材料

1.导电高分子材料

导电高分子材料指电导率在半导体和导体之间具有电特性(如电阻、导电、介电、超导、电光转换、电热转换等)的高分子材料,可作为导电膜或填料用于电磁屏蔽、防静电、计算机触点等电子器件,在微电子技术、激光技术、信息技术中也发挥着越来越重要的作用。利用其电化学性能可制作电容器、电池传感器、选择性透过性膜等。导电高分子是具有共轭长链结构的一类聚合物。研究最多的是聚乙炔、聚苯胺、聚噻吩等。

导电高分子材料可分为：

(1)复合型导电高分子材料。这是指在基体材料中加入导电填料制成的复合材料，按基体可以分为导电塑料、导电橡胶、导电胶黏剂等；按导电填料可以分为碳系(碳黑、石墨)、金属系等。

(2)结构型导电高分子材料。这是指本身或经过掺杂后具有导电功能的高分子材料。该材料本身具有"固有"的导电性，由其结构提供导电载流子(电子、离子或空穴)，一旦经掺杂后，电导率可大幅度提高，甚至可达到金属的导电水平。根据导电载流子的不同，结构型导电高分子材料又被分为离子型和电子型两类。离子型导电高分子通常又称为高分子固体电解质，导电时的载流子主要是离子；电子型导电高分子指的是以共轭高分子为基体的导电高分子材料，导电时的载流子是电子(或空穴)，这类材料是目前世界上导电高分子中研究开发的重点。

(3)其他导电高分子材料。主要指电子转移型和离子转移型的高分子电解质等。

2.高分子磁性材料

高分子磁性材料主要用作密封条、密封垫圈和电机电子仪器仪表等元器件中，是一类重要的磁性材料。

(1)复合型高分子磁体。复合型高分子磁体指以高聚物为基体材料，均匀地混入铁氧体或其他类型的磁粉制成的复合型高分子磁性材料，也称黏结磁体。按基体不同可分为塑料型、橡胶型两种；按混入的磁粉类型可分为铁氧体、稀土类等。目前应用的高分子磁性材料都是复合型高分子磁体。

(2)结构型高分子磁体。目前已发现多种具有磁性的高分子材料，主要是二炔烃类衍生物的聚合物、含氨基的取代苯衍生物、多环芳烃类树脂等。但是已发现的结构型高分子磁性材料的磁性弱，实验的重复性差，距实际的应用还有相当长的距离。

3.高分子发光材料

高分子发光材料是指在光照射下，吸收的光能以荧光形式，或磷光形式发出的高分子材料，包括高分子荧光材料和高分子磷光材料，可用于显示器件、荧光探针等的制备。荧光材料在入射光波长范围内有较大的摩尔吸收系数,同时吸收的光能要小于分子内断裂最弱的化学键所需要的能量,使其吸收光能的大部分以辐射的方式给出,而不引起光化学反应。分子吸收的能量可以通过多种途径耗散,荧光过程仅是其中之一。高分子发光材料可通过将小分子发光化合物引入到高分子的骨架(如聚芴)或侧基中来制备或通过本身不发光的小分子高分子化后共轭长度增大而发光,如聚对苯乙烯(PPV)。

如今高分子发光材料最重要的应用是聚合物电致发光显示,而 PPV 是第一个实现电致发光的聚合物,合成方法和途径较多,可通过改变取代基的结构改善其溶解性、提高荧光效率并调制其发光颜色,设计的余地较其他材料体系大,是目前研究最多的一类发光材料。

4. 液晶高分子

液晶是一种取向有序的流体,能反映各种外界刺激,如光、声、机械压力等的变化。发现和研究得最早的液晶高分子是溶致性液晶,而目前多数液晶高分子属于热致性液晶。聚对苯二甲酰对苯二胺是以 N-甲基吡咯烷酮为溶剂,以氯化钙为助溶剂,由对苯二胺和对苯二甲酰氯进行低温溶液缩聚而成,其典型的溶致性液晶高分子已广泛用作航空和宇航材料。

热致性主链型液晶高分子的主要代表是芳族聚酯,以聚芳酯为代表的热致性液晶高分子不仅可以制造纤维和薄膜,而且作为新一代工程塑料弥补了溶致性液晶高分子材料的不足。除了以上介绍的主链型溶致性和热致性液晶外,还有许多侧链型液晶,它们具有特殊的光电性能,可用作电信材料。

(三)化学功能高分子材料

化学功能高分子材料是一类具有化学反应功能的高分子材料,是以高分子链为骨架并连接具有化学活性的基团构成的。其种类很多,如离子交换树脂、高吸水性树脂、高分子催化剂、高分子试剂等。

1. 离子交换树脂

(1)离子交换树脂的特点与分类。离子交换树脂是一种在聚合物骨架上含有离子交换基团的功能高分子材料。在作为吸附剂使用时,骨架上所带离子基团可以与不同反离子通过静电引力发生作用,从而吸附环境中的各种反离子。当环境中存在其他与离子交换基团作用更强的离子时,由于竞争性吸附,原来与之配对的反离子将被新离子取代。一般将反离子与离子交换基团结合的过程称为吸附过程;原被吸附的离子被其他离子取代的过程称为脱附过程,吸附与脱附反应的实质是环境中存在的反离子与固化在高分子骨架上离子的相互作用,特别是与原配对离子之间相互竞争吸附的结果。因此这一类树脂通常称为离子交换树脂。

离子交换树脂还衍生发展了一些很重要的功能高分子材料,如离子交换纤维、吸附树脂、高分子试剂、固定化酶等。离子交换纤维是在离子交换树脂基础上发展起来的一类新型材料,其基本特点与离子交换树脂相同,但外观为纤维状,可以不同的织物形式出现。吸附树脂也是在离子交换树脂基础上发展起来的一类新型树脂,是一类多孔性的、高度交联的高分子共聚物,又称为高分子吸附剂。这类高分子材料具有较大的比表面积和适当孔径,可以从气相或溶液中吸附某些物质。

(2)离子交换树脂的功能。

第一,离子交换。常用的评价离子交换树脂的性能指标有交换容量、选择性、交联度、孔度、化学稳定性等。离子交换树脂的选择性是指离子交换树脂对溶液中不同离子亲和力大小的差异,可用选择性系数表征。一般室温下的稀水溶液中,强酸性阳离子树脂优先吸附多价离子;对同价离子而言,原子序数越大,选择性越高;弱酸性树脂和弱碱性树脂分别对 H^+ 和 OH^- 有最大亲和力等。

第二,吸附功能。无论是凝胶型、离子交换树脂还是大孔型离子交换树脂均具有很大的比表面积,具有较强的吸附能力。吸附量的大小和吸附的选择性主要取决于表面的极性和被吸附物质的极性等因素。吸附是分子间作用力,因此是可逆的,可用适当的溶剂或适当的温度使之解析。由于离子交换树脂的吸附功能随树脂比表面积的增大而增大,因此大孔型树脂的吸附能力远远大于凝胶型树脂。

第三,催化作用。离子交换树脂可对许多化学反应起催化作用,如酯的水解、醇解、酸解等。与低分子酸碱相比,离子交换树脂催化剂具有易于分离、不腐蚀设备、不污染环境、产品纯度高等优点。

除了上述几个功能外,离子交换树脂还具有脱水、脱色、作载体等功能。

2.高吸水性树脂

高吸水树脂是一种含有羧基、羟基等强亲水性基团并具有一定交联度的水溶胀型高分子聚合物,不溶于水,也难溶于有机溶剂,具有吸收自身几百倍甚至上千倍水的能力,且吸水速率快,保水性能好。在石油、化工、轻工、建筑、医药和农业等部门有广泛的用途。

根据原料来源、亲水基团引入方法、交联方法、产品形状等的不同,高吸水性树脂可有多种分类方法,其中以原料来源这一分类方法最为常用。按此方法分类,高吸水性树脂主要可分为淀粉类、纤维素类和合成聚合物类三大类。

(1)淀粉类。淀粉类高吸水性树脂主要有两种形式。一种是淀粉与丙烯腈进行接枝反应后,用碱性化合物水解引入亲水性基团的产物,由美国农业部北方研究中心开发成功;另一种是淀粉与亲水性单体(如丙烯酸、丙烯酰胺等)接枝聚合,然后用交联剂交联的产物,由日本三洋化成公司研发成功。淀粉改性的高吸水性树脂的优点是原料来源丰富、产品吸水倍率较高;缺点是吸水后凝胶强度低、长期保水性差等。

(2)纤维素类。纤维素类高吸水性树脂也有两种类型。一种是纤维素与一氯醋酸反应引入羧甲基后用交联剂交联而成的产物;另一种是由纤维素与亲水性单体接枝的共聚产物。纤维素类高吸水性树脂的吸水倍率较低,同时亦存在易受细菌的分解失去吸水、保水能力的缺点。

(3)合成聚合物类。合成高吸水性树脂目前主要有四种类型。

第一,聚丙烯酸盐类。这是目前生产最多的一类合成高吸水性树脂,由丙烯酸或其盐类与具有二官能团的单体共聚而成。其吸水倍率较高,一般均在千倍以上。

第二,聚丙烯腈水解物。将聚丙烯腈用碱性化合物水解,再经交联剂交联,即得高吸水性树脂。由于氰基的水解不易彻底,产品中亲水基团含量较低,故这类产品的吸水倍率不太高,一般在500~1000倍左右。

第三,醋酸乙烯酯共聚物。将醋酸乙烯酯与丙烯酸甲酯进行共聚,然后将产物用碱水解后可得到乙烯醇与丙烯酸盐的共聚物,不加交联剂即可成为不溶于水的高吸水性树脂。这类树脂在吸水后有较高的机械强度,适用范围较广。

第四,改性聚乙烯醇类。由聚乙烯醇与环状酸酐反应而成,不需外加交联剂即可成为不溶于水的产物。这类树脂由日本可乐丽公司首先开发成功,吸水倍率为150~400倍,虽吸水能力较低,但初期吸水速度较快,耐热性和保水性都较好,故是一类适用面较广的高吸水性树脂。

3.高分子化学试剂

常见的高分子化学试剂根据所具有的化学活性不同,分为高分子氧化还原试剂、高分子磷试剂、高分子卤代试剂、高分子烷基化试剂、高分子酰基化试剂等。除此之外,用于多肽、多糖等合成的固相合成试剂也是一类重要的高分子试剂。高分子化学试剂的应用范围非常广泛,且发展迅速。

4.高分子催化剂

高分子催化剂由高分子母体和催化剂基团组成,催化剂基团参与反应,反应结束后自身却不发生变化,因高分子母体不溶于反应溶剂中,属液固相催化反应,产物容易分离,催化剂可循环使用。

(1)离子交换树脂催化剂。离子交换树脂反应条件一般较温和,反应后只需用简单的过滤分离、回收催化剂,产物无需中和、纯化方便,回收的催化剂可重复利用。

第一,阳离子交换树脂催化剂。一般含有磺酸基,磺酸基是通过聚合物的磺化而引入的。全氟磺酸树脂可用于酰基反应、重排反应、醚键的合成、酯化反应、水化反应、烷基反应等的催化。

第二,阴离子交换树脂催化剂。通常是含季胺基,季胺基是通过聚合物氯甲基化后再胺化而引入的。阴离子交换树脂催化剂具有相转移催化作用,在反应中显示出一定的立体选择性。可作为缩合、水合、环化、酯化和消除反应的催化剂。

(2)固定化酶。酶是天然的高分子催化剂,具有催化活性极高、特异性和控制灵敏性等特点。酶是水溶性的,不使酶变性的情况下回收是困难的。若将酶固定在载体上成为固化酶,可以克服这些缺点。但固化酶使酶的活性降低,必须选择恰当的固化方法,最大限度地保持酶的活性。

(四)生物功能高分子材料

生物功能高分子材料是与人体组织、体液或血液相接触,具有人体器官、组织的全部或部分功能的材料。20世纪50年代,有机硅聚合物用于医学领域,使人工器官的应用范围大大扩展。特别是20世纪60年代以后,各种具有特殊功能的高分子材料的出现及其医学上的应用克服了凝血问题、炎症反应与组织病变问题、补体激活与免疫反应问题等。医用高分子材料快速发展起来,并不断取得成果。如聚氨酯和硅橡胶用来制作人工心脏,中空纤维用来制作人工肾等。同时,人工器官的发展又对生物医学材料提出了新的要求且促进其发展。在 20 世纪 80 年代,发达国家的医用高分子材料产业化速度加快,基本形成了一个崭新的生物材料产业。

1.生物高分子材料的分类

为了便于比较不同结构的生物材料对于各种治疗目的的适用性,根据材料的用途,生物高分子材料可以分为以下几种:①硬组织高分子材料,主要用于骨科、齿科的材料,要求材料与替代组织有类似的机械性能,且能够与周围组织结合在一起。②软组织高分子材料,主要用于软组织的替代与修复,要求材料不引起严重的组织病变,有适当的强度和弹性。③血液相容性高分子材料,用于制作与血液接触的人工器官或器械,不引起凝血、溶血等生理反应,与活性组织有良好的互相适应性。④高分子药物和药物控释高分子材料,要求无毒副作用、无热源、不引起免疫反应。

2.生物高分子材料的特殊性能

生物高分子材料是植入人体或与人体器官、组织直接接触的,必然会产生各种化学的、力学的、物理的作用。因此对进入临床使用阶段的生物高分子材料具有严格的要求。

耐生物老化,对于长期植入的材料,要求生物稳定性好,在体内环境中不发生降解。对于短期植入材料,则要求能够在确定时间内降解为无毒的单体或片段,通过吸收、代谢过程排出体外。

物理和力学性能好,即材料的强度、弹性、几何形状、耐曲挠疲劳性、耐磨性等在使用期内应适当。例如,牙齿材料需要高硬度和耐磨性,能够承受长期的、数以亿万次的收缩和绕曲,而不发生老化和断裂。用作骨科的材料要求有很好的强度和弹性。

材料价格适当,易于加工成型,便于消毒灭菌。生物相容性好,要求材料无毒即化学惰性,无热源反应、不致癌、不致畸、不干扰免疫系统,不引起过敏反应,不破坏相邻组织,不发生材料表面钙化沉着,有良好的血液相容性即不引起凝血、溶血,不破坏血小板,不改变血中蛋白,不扰乱电解质平衡。

3.生物高分子的应用

生物高分子材料的化学结构多种多样,在聚集形态上可以表现为结晶态、玻璃态、黏弹态、凝胶态、溶液态,并可以加工为任意的几何形状,因此在医学领域用途十分广泛,能够满足多种多样的治疗目的。其应用范围主要包括四个方面:人工器官(长期和短期治疗器件)、药物制剂与释放体系、诊断试验试剂、生物工程材料与制品。

(五)可降解高分子材料

石油化工的飞速发展促使塑料应用的广泛普及,从五颜六色的饮料瓶、食品袋等日用品到各种电器外壳、电子器件等,到处都可以看到塑料的踪迹。但这类合成材料的性能非常稳定、耐酸耐碱、不蛀不霉,因此废弃的塑料已经成为严重的公害,导致"白色污染"。自 20 世纪 70 年代以来,世界上有许多国家开始研制可降解塑料,目前已经研制开发出的可降解塑料主要有两类:光降解塑料和生物降解塑料。

光降解塑料是在制造过程中,其高分子链上每隔一定的距离就被添加了光敏基团。这样的塑料在人工光线的照射下是安全、稳定的,但是在太阳光(含有紫外线)的照射下,光敏基团就能吸收足够的能量而使高分子链在此断裂,使高分子长碳链分裂成较低分子量的碎片,这些碎片在空气中进一步发生氧化作用,降解成可被生物分解的低分子量化合物,最终转化为二氧化碳和水。

生物降解塑料是在高分子链上引入一些基团,以便空气、土壤中的微生物使高分子长链断裂为碎片,进而将其完全分解。生物降解塑料的降解机理比较复杂,一般认为,大多数生物降解是通过水解的增溶作用而降解。例如淀粉、纤维素等天然高分子在酶的作用下发生水解生成水溶性碎片分子,这些碎片分子进一步发生氧化最终分解成二氧化碳和水。生物降解塑料除了用于制作包装袋和农用地膜外,还可用作医药缓释载体,使药物在体内发挥最佳疗效,也可包埋化肥、农药、除草剂等。另外,用生物降解聚合物制成的外科用手术线可被人体吸收,伤口愈合后不用拆线。

可降解塑料的问世只有一二十年的时间,但其发展势头却十分迅猛。可降解塑料的研制和生产已经具有相当的规模,随着人类对环境保护的意识不断增强,可降解塑料的应用将更为广泛。

(六)智能型高分子材料

智能型高分子材料指能随着外部条件的变化而进行相应动作的高分子材料,因此材料本身必须具有能感应外部刺激的感应器功能、能进行实际操作的动作器功能以及得到感应器的信号使动作器动作的过程器功能,主要是凝胶类。

(1)pH值敏感型。pH值敏感型指利用其电荷数随pH值变化而变化制成的敏感型凝胶,如利用带离解离子的凝胶容易产生体积相变,调整条件,制出随微小pH值变化而发生巨大体积变化的智能凝胶。

(2)温度敏感型。温度敏感型指利用其在溶剂中的溶解度随温度变化而变化,化学结构的一般特点是亲水性部分和疏水性部分之间保持适当的平衡,因此具有适度的溶解度。在水溶液中,高温时脱水化,从溶液中沉析出来。高分子与溶液产生相分离的温度称为下限溶液温度(LCST)。改变亲水性部分和疏水性部分之间的平衡,可控制LCST。对显示LCST的高分子材料进行交联,可制备出温度敏感型凝胶。

(3)电场敏感型。电场敏感型智能材料主要是高分子电解质,在离凝胶较远的位置改变电场强度也可达到控制材料特性的目的。

(4)抗原敏感型。抗体能与抗原产生特异结合,这种结合有静电、氢键、范德华力等作用,其分子识别能力非常高,在免疫系统内起非常重要的作用。

新型高分子材料发展的速度很快,推动着科学技术的发展,而科学技术的飞速发展对新材料的品种需求越来越多,性能要求越来越高,给材料科技工作者不断地提出新的课题和目标,发展是永恒的。

第三节 复合材料功能特性及其应用研究

一、复合材料概述

(一)复合材料的定义

复合材料是由两种或两种以上不同性能、形态的组分材料通过复合工艺形成的一种多相材料。复合材料能够在保持各个组分材料的某些特点基础上具有组分材料间协同作用所产生的综合性能。可以通过材料设计使各组分的性能互相补充并彼此关联,从而获得新的优越性能,复合材料的出现是近代材料科学的伟大成就,也是材料设计技术的重大突破。

在复合材料中,连续的一相称为基体相;分散的、被基体相包容的一相称为分散相或增强相。增强相与基体相之间的界面称为复合材料界面相,复合材料的各个相在界面附近可以物理地分开。确切地说,复合材料是由基体相、增强相和界面相组成的多相材料。

(二)复合材料的分类

目前普遍认为材料可分成金属材料、无机非金属材料、高分子材料和复合材料。按不同的标准和要求,复合材料通常有以下几种分类法。

(1)按使用性能分类。按使用性能可分类结构复合材料、功能复合材料等。

(2)按基体材料类型分类。按基体材料类型可分为聚合物基复合材料、金属基复合材料、无机非金属基复合材料等。

(3)按增强相形态分类。按增强相形态可分为:①纤维增强复合材料,纤维增强复合材料可分为连续纤维增强复合材料和非连续纤维增强复合材料;②颗粒增强复合材料,颗粒增强复合材料是指微小颗粒状增强材料分散在基体中;③板状增强体、编织复合材料,板状增强体、编织复合材料是以平面二维或立体三维物为增强体材料与基体复合而成。

(4)按增强纤维类型分类。按增强纤维类型可分为:①碳纤维复合材料;②玻璃纤维复合材料;③有机纤维(芳香族聚酰胺纤维、芳香族聚酯纤维、高强度聚烯烃纤维等)复合材料;④陶瓷纤维(氧化铝纤维、碳化硅纤维、硼纤维等)复合材料;⑤金属纤维(钨丝、不锈钢丝等)复合材料

(三)复合材料的特点

(1)可设计性。复合材料与传统材料相比的显著特点是其具有可设计性。材料设计是最近 20 年提出的新概念,复合材料性能的可设计性是材料科学进展的一大成果,由于复合材料的力、热、声、光、电、防腐、抗老化等物理、化学性能,可按制件的使用要求和环境条件要求,通过组分材料的选择、匹配以及界面控制等材料设计手段,最大限度地达到预期目的,以满足工程设备的使用性能。

(2)材料与结构的同一性。传统材料的构件成型是经过对材料的再加工,在加工过程中材料不发生组分和化学性质的变化,而复合材料的构件与材料是同时形成的,由组成复合材料的组分材料在复合成材料的同时就形成了构件,一般不需再加工。因此复合材料结构的整体性好,同时大幅度减

少了零部件、连接件的数量,缩短加工周期,降低成本,提高了构件的可靠性。

(3)复合优越性。复合材料是由各组分材料经过复合工艺形成的,但不是几种材料的简单混合,而是按复合效应形成新的性能,这种复合效应是复合材料仅有的。

(4)性能分散性。复合材料组分在制备过程中存在物理和化学变化,过程非常复杂,因此构件的性能对工艺方法、工艺参数、工艺过程等依赖性较大,同时也由于在成型过程中很难准确地控制工艺参数,所以一般来说复合材料构件的性能分散性比较大。

二、复合材料的基体

复合材料的原材料包括基体材料和增强材料,其中基体材料主要包括金属材料、非金属材料和聚合物材料,在复合材料中经常以连续相形式出现。

(一)金属基体材料

金属基复合材料中的金属基体起着固结增强相、传递和承受各种载荷的作用。基体在复合材料中占有很大的体积百分数,在连续纤维增强金属基复合材料中基体占 $50\%\sim70\%$;颗粒增强金属基复合材料中基体占 $25\%\sim90\%$,但多数颗粒增强金属基复合材料的基体占 $80\%\sim90\%$;晶须、短纤维增强金属基复合材料中基体在 70% 以上。金属基体的选择对复合材料的性能起决定性作用,金属基体的密度、强度、塑性、导热等均将影响复合材料的比强度、比刚度、耐高温、导热、导电等性能。因此在设计和制备复合材料时,需充分了解和考虑金属基体的化学、物理特性及与增强物的相容性等,以便正确地选择基体材料和制备方法。

1.选择基体的原则

可以作为金属基复合材料的金属材料、合金材料品种非常多,比较常见的包括铝及铝合金、镁合金、铁合金、镍合金、铜与铜合金、锌合金、铅、钛铝、镍铝金属间化合物等。在选择基体金属时需作多方面的考虑。

(1)金属基复合材料的使用要求。金属基复合材料构件的使用性能要求是选择金属基体材料最重要的依据。在航天、航空、先进武器、电子、汽车技术领域和不同的工况条件对复合材料构件的性能要求有很大的差异。在航天、航空技术中高比强度、比模量、尺寸稳定性是最重要的性能要求,作为飞行器和卫星构件宜选用密度小的轻金属合金、镁合金和铝合金作为基体,与高强度、高模量的石墨纤维、硼纤维等组成石墨/镁、石墨/铝、硼/铝复合材料,可用于航天飞行器、卫星的结构件。

工业集成电路需要高导热、低膨胀的金属基复合材料作为散热元件和基板。选用具有高热导率的银、铜、铝等金属为基体与高导热、低热膨胀的超高模量石墨纤维、金刚石纤维、碳化硅颗粒复合成具有低热膨胀系数、高热导率、高比强度和高比模量等性能的金属基复合材料,可能成为解决高集成电子器件的关键材料。

(2)金属基复合材料的组成特点。增强相的性质和增强机理也将影响基体材料的选择,对于连续纤维增强金属基复合材料,纤维是主要的承载物体,纤维本身具有很高的强度和模量,如高强度碳纤维最高强度已达到7000 MPa,超高模量石墨纤维的弹性模量已高达900 GPa,而金属基体的强度和模量远远低于纤维的性能。

在连续纤维增强金属基复合材料中,基体的主要作用应是围绕充分发挥增强纤维的性能,基体本身应与纤维有良好的相容性和塑性,而并不要求基体本身有很高的强度,如碳纤维增强铝基复合材料中纯铝或含有少量合金元素的铝合金作为基体比高强度铝合金要好得多,高强度铝合金做基体组成的复合材料性能反而较低。对于非连续增强(颗粒、晶须、短纤维)金属基复合材料,基体是主要承载物,基体的强度对非连续增强金属基复合材料具有决定性的影响。因此要获得高性能的金属基复合材料必须选用高强度的铝合金为基体,这与连续纤维增强金属基复合材料基体的选择完全不同。总之,针对不同的增强体系,要充分分析、考虑增强相的特点,正确选择基体合金。

(3)基体金属与增强相的相容性。由于金属基复合材料需要在高温下成型,在制备过程中,处于高温热力学不平衡状态下的纤维与金属之间很容易发生化学反应,在界面形成反应层。该界面反应层大多是脆性的,当反应层达到一定厚度后,材料受力时将会因界面层的断裂伸长小而产生裂纹,并向周围纤维扩展,容易引起纤维断裂,导致复合材料整体破坏。同时由于基体金属中往往含有不同类型的合金元素,这些合金元素与增强相的反应程度不同,反应后生成的反应产物也不同,需在选用基体合金成分时充分考虑,尽可能选择既有利于金属与增强相浸润复合,又有利于形成适合稳定界面的合金元素。如碳纤维增强铝基复合材料中在纯铝中加入少量的钛、锆等元素明显改善了复合材料的界面结构和性质,大大提高了复合材料的性能。

铁、镍是促进碳石墨化的元素,用其作基体,碳(石墨)纤维作为增强相是不可取的。因为铁、镍元素在高温时能有效地促使碳纤维石墨化,破坏了碳纤维的结构,使其丧失了原有的强度,做成的复合材料不可能具备高的性能。因此,在选择基体时应充分注意基体与增强物的相容性(特别是化学相容性),并尽可能在金属基复合材料成型过程中抑制界面反应。例如对增强纤维进行表面处理、在金属基体中添加其他成分、选择适宜的成型方法或条件缩短材料在高温下的停留时间等。

2.结构复合材料的基体

结构复合材料的基体大致可分为轻金属基体和耐热合金基体两大类。用于各种航天、航空、汽车、先进武器等结构件的复合材料一般均要求有较高的比强度、比刚度和结构效率,因此大多选用铝及铝合金、镁及镁合金作为基体金属。目前研究较成熟的金属基复合材料主要是铝基、镁基复合材料,用它们制成各种高比强度、高比模量的轻型结构件,广泛用于航天、航空、汽车等领域。

在发动机特别是燃气轮发动机中,所需要的结构材料是热结构材料,要求复合材料零件的使用温度为 650℃~1200℃,同时要求复合材料具有良好的抗氧化、抗蠕变、耐疲劳和高温力学性质。铝、镁复合材料一般只能在450℃高温下连续安全工作;钛合金基体复合材料的工作温度为 650℃左右;镍、钴基复合材料可在 1200℃使用。新型的金属间化合物有望作为热结构复合材料的基体。

3.功能复合材料的基体

电子、信息、能源、汽车等工业领域要求材料和器件具有优良的综合物理性能,如同时具有高力学性能、高导热、低热膨胀、高电导率、高摩擦系数和耐磨性等。单靠金属与合金难以具有优良的综合物理性能,需要采用先进制造技术、优化设计,以金属与增强相制备复合材料来满足需求。例如,电子领域的集成电路,由于电子器件的集成度越来越高,器件工作发热严重,需用热膨胀系数小、导热性好的材料做基板和封装零件,以避免产生热应力,提高器件的可靠性。

由于工况条件不同,所用的材料体系和基体合金也不同。目前,功能金属基复合材料(不含双金属复合材料)主要用于微电子技术的电子封装、高导热和耐电弧烧蚀的集电材料及触头材料、耐高温摩擦的耐磨材料、耐腐蚀的电池极板材料等。主要的金属基体是纯铝及铝合金、纯铜及铜合金、银、铅、锌等金属。用于电子封装的金属基复合材料有:高碳化硅颗粒含量的铝基、铜基复合材料,高模、超高模石墨纤维增强铝基、铜基复合材料,金刚石颗粒或多晶金刚石纤维增强铝基、铜基复合材料,硼/铝基复合材料等,其基体主要是纯铝和纯铜。用于耐磨零部件的金属基复合材料有:碳化硅、氧化铝、石墨颗粒,晶须和纤维等。用于集电和电触头的金属基复合材料有碳(石墨)纤维、金属丝、陶瓷颗粒增强铝、铜、银及合金等。

功能复合材料所采用金属基体均具有良好的导热、导电性和力学性能,但有热膨胀系数大、耐电弧烧蚀性差等缺点。通过在基体中加入合适的增强相可以得到优异的综合物理性能。如在纯铝中加入导热性好、弹性模量大、热膨胀系数小的石墨纤维、碳化硅颗粒就可使这类复合材料具有很高的热导率(与纯铝、铜相比)和很小的热膨胀系数,满足集成电路封装散热的需要。

(二)无机非金属基体材料

1. 陶瓷基复合材料

陶瓷是金属和非金属元素形成的固体化合物,含有共价键或离子键,与金属不同,不含电子。一般而言,陶瓷具有比金属更高的熔点和硬度,化学性质非常稳定,通常是绝缘体。虽然陶瓷的许多性能优于金属,但也存在致命的弱点,即脆性大、韧性差,很容易因存在裂纹、空隙、杂质等细微缺陷而破碎,引起不可预测的灾难性后果,因而大大限制了陶瓷作为承载结构材料的应用。

近年来的研究结果表明,在陶瓷基体中添加其他成分,如陶瓷粒子、纤维或晶须,可提高陶瓷的韧性。粒子增强虽能使陶瓷的韧性有所提高,但效果并不显著;碳化物晶须强度高,与传统陶瓷材料复合,综合性能得到很大的改善。用作基体材料使用的陶瓷一般应具有优异的耐高温性质、与纤维或晶须之间有良好的界面相容性以及较好的工艺性能等。常用的陶瓷基体主要包括:玻璃、氧化物陶瓷、非氧化物陶瓷等。

作为基体材料的氧化物陶瓷主要有三氧化二铝、氧化镁、二氧化硅、莫来石等,其主要为单相多晶结构,除晶相外,还含有少量气相(气孔)。微晶氧化物的强度较高,粗晶结构时晶界面上的残余应力较大,对强度不利。氧化物陶瓷的强度随环境温度升高而降低,但在1000℃以下降低较小。由于三氧化二铝和二氧化锆的抗热震性较差,二氧化硅在高温下容易发生蠕变和相变,所以这类陶瓷基复合材料应避免在高应力高温环境下使用。

陶瓷基复合材料中的非氧化物陶瓷是指不含氧的氮化物、碳化物、硼化物和硅化物。它们的特点是耐火性、耐磨性好,硬度高,但脆性大。碳化物和硼化物的抗热氧化温度约900℃~1000℃,氮化物略低些,硅化物的表面能形成氧化硅膜,所以抗热氧化温度达1300℃~1700℃。氮化硼具有类似石墨的六方结构,在高温高压下可转变成立方结构的β-氮化硼,耐热温度高达2000℃,硬度极高,可作为金刚石的代用品。

2.碳/碳复合材料

碳/碳复合材料是由碳纤维增强体与碳基体组成的复合材料,简称碳/碳复合材料。这种复合材料主要是以碳(石墨)纤维毡、布或三维编织物与树脂、沥青等可碳化物质复合,经反复多次碳化与石墨化处理达到所要求的密度;或者采用化学气相沉积法将碳沉积在碳纤维上,再经致密化和石墨化处理所制成的复合材料。根据用途不同,碳/碳复合材料可分为烧蚀型碳/碳复合材料、热结构型碳/碳复合材料和多功能型碳/碳复合材料。

碳/碳复合材料具有卓越的高温性能、良好的耐烧蚀性和较好的抗热冲击性能,同时还具有热膨胀系数低、抗化学腐蚀的特点,是目前可使用温度最高的复合材料(最高温度可达2000℃以上)。首先在航空航天领域作为高温热结构材料、烧蚀型防热材料及耐摩擦磨损等功能材料得到应用。

碳/碳复合材料用于航天飞机的鼻锥帽和机翼前缘,以抵御起飞载荷和再次进入大气层的高温作用。碳/碳复合材料已成功用于飞机刹车盘,这种刹车盘具有低密度、耐高温、寿命长和良好的耐摩擦性能。碳/碳复合材料也是发展新一代航空发动机热端部件的关键材料。

(三)聚合物基体材料

1.聚合物基体材料的种类

聚合物基复合材料应用广泛,大体上包括热固性聚合物与热塑性聚合物两类。

热固性聚合物常为分子量较小的液态或固态预聚体,经加热或加固化剂发生交联化学反应并经过凝胶化和固化阶段后,形成不溶、不熔的三维网状高分子。主要包括:环氧、酚醛、双马、聚酰亚胺树脂等。各种热固性树脂的固化反应机理不同,由于使用要求的差异,采用的固化条件也有很大的差异。一般的固化条件有室温固化、中温固化(120℃左右)和高温固化(170℃以上)。这类高分子通常为无定形结构,具有耐热性好、刚度大、电性能、加工性能和尺寸稳定性好等优点。

热塑性聚合物是一类线形或有支链的固态高分子,可溶、可熔、可反复加工而不发生化学变化,包括各种通用塑料(聚丙烯、聚氯乙烯等)、工程塑料(尼龙、聚碳酸酯等)和特种耐高温聚合物(聚酰胺、聚醚砜、聚醚醚酮等)。这类高分子分非晶(或无定形)和结晶两类,通常结晶度为 20%～85%,具有质轻、比强度高、电绝缘、化学稳定性、耐磨润滑性好、生产效率高等优点。与热固性聚合物相比具有明显的力学松弛现象,在外力作用下形变大、具有相当大的断裂延伸率、抗冲击性能较好。

(1)热固性聚合物。

第一,不饱和聚酯树脂。不饱和聚酯树脂指有线形结构的,主链上同时具有重复酯键及不饱和双键的一类聚合物。不饱和聚酯的种类很多,按化学结构分类可分为顺酐型、丙烯酸型、丙烯酸环氧酯型和丙烯酸型聚酯树脂,其中,顺酐型最为经典,一般由马来酸酐、丙二醇、苯酐聚合而成。除此之外,还有许多通过植物干性油、烯丙醇、三羟甲基丙烷二烯丙基醚键等单体改性或聚合而得到的不饱和聚酯。不饱和聚酯树脂在热固性树脂中工业化较早,是制造玻璃纤维复合材料的一种重要树脂。在国外,聚酯树脂占玻璃纤维复合材料用树脂总量的 80%以上。由于树脂的收缩率高且力学性能较低,因此很少用它与碳纤维制造复合材料。但由于性价比合适,近年来随汽车工业的快速发展,已开始大规模用玻璃纤维部分取代碳纤维与不饱和聚酯复合,如汽车多处部件制造采用的 BMC(块状模塑复合物)材料即属此类。

第二,环氧树脂。环氧树脂是聚合物基复合材料中最为重要的一类基体材料,以双酚 A 环氧为主。其由双酚 A 与环氧氯丙烷缩合而得,分子量可以从几百至数千,常温下为黏稠液状或脆性固体。此外,环氧基体树脂还可采用双酚 F 环氧树脂,其分子量小、结构简单、黏度较低,只有双酚 A 环氧树脂的三分之一左右,所用固化剂与固化性能与双酚 A 环氧相似。另外还有三聚氰酸环氧树脂、酚醛环氧树脂、有机硅环氧树脂、缩水甘油酯类环氧树脂及环氧化干性油等。环氧树脂用于制备玻璃纤维、碳纤维复合材料，并得到广泛应用。作为复合材料的基体，环氧树脂具有许多突出特点，固化的树脂有良好的压缩性能，良好的耐水、耐化学介质和耐烧蚀性能，热变形温度较高。不足之处是，固化后断裂伸长率低、脆性大。

第三，酚醛树脂。酚醛树脂系酚醛缩合物，是最早实现工业化生产的一种树脂。其使用范围多作为胶黏剂、涂料及布、纸、玻璃布的层压复合材料等。它的优点是比环氧树脂价格便宜，但吸附性不好、收缩率高、成型压力高、制品空隙含量高，因此较少用酚醛树脂来制造碳纤维复合材料。酚醛树脂的含碳量高，因此用它制造耐烧蚀材料，如航天飞行器载入大气的防护制件；还被用作制造碳/碳复合材料中碳基体的原料。近年来新研制的酚改性二甲苯树脂已经被用来制造耐高温的玻璃纤维复合材料。酚醛树脂大量用于粉状压塑料、短纤维增强塑料，少量用于玻璃纤维复合材料、耐烧蚀材料等。通常酚醛树脂随酚类、醛类配比用量和使用催化剂的不同分为热固性和热塑性两大类。在国内作为纤维增强塑料基体用的多为热固性树脂。

第四，乙烯基酯树脂。乙烯基酯树脂又称环氧丙烯酸酯类树脂或不饱和环氧树脂，是国外 20 世纪 60 年代初开发的一类新型聚合物。它通常是由低分子量环氧树脂与不饱和一元酸（丙烯酸）通过开环加成反应而制得的化合物。这类化合物可单独固化，但一般将其溶解在苯乙烯等反应单体的活性稀释剂中使用。此类树脂保留了环氧树脂的基本链段，且具有不饱和聚酯树脂的双键，可以室温固化，具有这两种树脂的双重特性，使其性能更趋于完善，经过多年的研究和发展，乙烯基酯树脂已成为多品种的系列产品，以满足不同使用的需求。

第五，聚酰亚胺树脂（PI）。聚酰亚胺树脂是一类耐高温树脂，它通常有热固性和热塑性两类，使用温度可达 $180℃\sim316℃$，个别甚至高达 $371℃$。PI 由芳香族四酸二酐与芳香族二氨经缩聚反应合成，应用较多的 PI 树脂有两类：一类是由活性单体封端的热固性聚酰亚胺树脂，如双马树脂（双马来酰亚胺树脂，BMI）、PMR-15；另一类是热塑性聚酰亚胺树脂，如 NR-150 系列、PEI 等。

（2）热塑性聚合物。

热塑性聚合物是指具有线形或支链型结构的一类有机高分子化合物，这类聚合物可以反复受热软化（或熔化），而冷却后变硬。热塑性聚合物在软化或熔化状态下可以进行模塑加工，当冷却至软化点以下能保持模塑成型的形状。属于此类的聚合物有：聚乙烯、聚丙烯、聚氯乙烯、聚苯乙烯、聚酰胺、聚碳酸酯、聚甲醛等。

热塑性聚合物基复合材料与热固性聚合物基复合材料相比,在力学性能、使用温度、老化性能方面处于劣势,但具有加工工艺简单、工艺周期短、成本低、密度小等优势。当前汽车工业的发展为热塑性聚合物基复合材料的研究和应用开辟了广阔的天地。

作为热塑性聚合物基体复合材料的增强材料,除用连续纤维外,还用纤维编织物和短切纤维。一般纤维含量可达 20%～50%。热塑性聚合物与纤维复合可以提高机械强度和弹性模量、改善蠕变性能、提高热变形温度和热导率、降低线膨胀系数、增加尺寸稳定性、降低吸水性、抑制应力开裂与改善抗疲劳性能。早期的热塑性聚合物基复合材料主要是玻璃纤维增强的复合材料。用玻璃纤维增强的热塑性聚合物基复合材料,在某些性能上可以超过热固性聚合物基玻璃纤维复合材料的水平,下面具体介绍几种热塑性聚合物。

第一,聚酰胺。聚酰胺是一类具有许多重复酰胺基的线形聚合物的总称,通常叫作尼龙。目前尼龙的品种很多,如尼龙-66、尼龙-6、尼龙-10、尼龙-1010 等。此外,还有芳香族聚酯胺等。聚酰胺分子链中可以形成具有相当强作用力的氢键,形成氢键的多少由大分子的立体化学结构来决定。氢键的形成使聚合物大分子间的作用力增大、易于结晶,且有较高的机械强度和熔点。在聚酰胺分子结构中次甲基($-CH_2-$)的存在,又使分子链比较柔顺,有较高的韧性。随聚酰胺结构中碳链的增长,其机械强度下降;但柔性、疏水性增加,低温性能、加工性能和尺寸稳定性亦有所改善。聚酰胺对大多数化学试剂是稳定的,特别是耐油性好,仅能溶于强极性溶剂,如苯酚、甲醛及间苯二胺等。

第二,聚碳酸酯。聚碳酸酯分子主链上有苯环,限制了大分子的内旋转,减小了分子的柔顺性。碳酸酯基团是极性基团,增加了分子间的作用力,使空间位阻加强,亦增大了分子的刚性。由于聚碳酸酯的主链僵硬,熔点高达 225℃～250℃,玻璃化温度 145℃,碳的刚性使其在受力下形变减少,抗蠕变性能好,尺寸稳定,同时又阻碍大分子取向与结晶,且在外力强迫取向后不易松弛。所以在聚碳酸酯制件中常常存在残余应力而难以自行消除。故聚碳酸酯碳纤维复合材料制件需进行退火处理,以改善机械性能。聚碳酸酯可以与连续碳纤维或短切碳纤维制造复合材料,也可以用碳纤维编织物与聚碳酸酯薄膜制造层压材料。例如,用粉状聚碳酸酯配成溶液浸渍纤维毡,制造复合材料零件。用碳纤维增强聚碳酸酯与用玻璃纤维增强聚碳酸酯比较,弹性模量有明显增加,而断裂伸长率降低。

第三,聚砜。聚砜是指主链结构中含有砜基链节的聚合物,其突出性能是可以在 $100℃\sim150℃$ 下长期使用。聚砜结构规整,分子量为 $50\sim10000$,主链多苯环,玻璃化温度很高,约 $200℃$,由于主链上硫原子处于最高氧化态,故聚砜具有抗氧化性,即使加热条件下也难以发生化学变化。二苯基砜的共轭状态使化学键比较牢固,在高温或离子辐射下也不会发生主链和侧链断裂。聚砜在高温下使用仍能保持较高的硬度、尺寸稳定性和抗蠕变能力,但聚砜的成型温度高达 $300℃$ 是一大缺点。聚砜分子结构中异丙基和醚键的存在,使大分子具有一定的韧性;其耐磨性好,且耐各种油类和酸类;有些聚砜具有低的可燃性和发烟性。碳纤维聚砜复合材料对宇航和汽车工业很有意义,波音公司已将碳纤维聚砜复合材料应用于飞机结构,并取得了明显的经济效果。如在无人驾驶靶机上用聚砜石墨纤维层压板取代铝合金蒙皮,可以降低 20% 的成本,减少 16% 的重量。

第四,聚醚醚酮(PEEK)。PEEK 是一种半结晶型热塑性树脂,其玻璃化转变温度为 $143℃$,熔点为 $334℃$,结晶度一般为 $20\%\sim40\%$,最大结晶度为 48%。PEEK 在空气中的热分解温度为 $650℃$,加工温度为 $370℃\sim420℃$,室温弹性模量与环氧树脂相当,强度优于环氧树脂,断裂韧性极高,具有优秀的阻燃性。PEEK 基复合材料可在 $250℃$ 的温度下长期使用。

总之,用热塑性聚合物做复合材料的基体,将是发展复合材料的一个重要方面,特别是从材料来源、节约能源和经济效益等方面考虑,发展这类复合材料有着重要意义。

2.聚合物基体的作用

复合材料中的基体有三种主要的作用:①把纤维粘在一起;②分配纤维间的载荷;③保护纤维不受环境影响。制造基体的理想材料,其原始状态应该是低黏度的液体,并能迅速变成坚固耐久的固体,足以把增强纤维粘住。尽管纤维增强材料的作用是承受复合材料的载荷,但是基体的力学性能会明显地影响纤维的工作方式及其效率。当载荷主要由纤维承受时,复合材料总的延伸率受到纤维的破坏,通常为 $1\%\sim1.5\%$。基体的主要性能是在此应变水平下不开裂。与未增强体系相比,先进复合材料树脂体系趋于在低破坏应变和高模量的脆性方式下工作。

在纤维的垂直方向,基体的力学性能和纤维与基体之间的胶接强度控制着复合材料的物理性能。由于基体比纤维弱得多,而柔性却大得多,所以在复合材料结构件设计中应尽量避免基体的直接横向受载。基体以及基体/纤维的相互作用能明显地影响裂纹在复合材料中的扩展。若基体的剪切强度、模量以及纤维/基体的胶接强度过高,则裂纹可以穿过纤维和基体扩展而不转向,从而使这种复合材料变成脆性材料,并且其破坏的试件将呈现出整齐的断面。若胶接强度过低,则其纤维将表现得像纤维束,并且这种复合材料的性能将很弱。

在高胶接强度体系(纤维间的载荷传递效率高,但断裂韧性差)与胶接强度较低的体系(纤维间的载荷传递效率不高,但有较高的韧性)之间需要折中。在应力水平和方向不确定的情况下使用的或在纤维排列精度较低的情况下制造的复合材料往往要求基体比较软,同时不太严格。在明确的应力水平情况下使用的和在严格地控制纤维排列情况下制造的先进复合材料应通过使用高模量和高胶接强度的基体以更充分地发挥纤维的最大性能。

3.聚合物基体的性能

聚合物基复合材料的综合性能与所用基体聚合物密切相关。

(1)力学性能。作为结构复合材料,聚合物的力学性能对最终复合产物影响较大。一般复合材料用的热固性树脂固化后的力学性能并不高,决定聚合物强度的主要因素是分子内及分子间的作用力,聚合物材料的破坏主要是聚合物主链上化学键的断裂或是聚合物分子链间相互作用力的破坏。

复合材料基体树脂强度与复合材料的力学性能之间的关系不能一概而论,基体在复合材料中的一个重要作用是在纤维之间传递应力。基体的粘接力和模量是支配基体传递应力性能的两个最重要的因素,影响到复合材料拉伸时的破坏模式。如果基体弹性模量低,纤维受拉时将各自单独地受力,其破坏模式是一种发展式的纤维断裂,由于这种破坏模式不存在叠加作用,其平均强度很低。反之,如基体在受拉时仍有足够的粘接力和弹性模量,复合材料中的纤维将表现为一个整体,强度提高。实际上,在一般情况下材料表现为中等的强度,因此,如各种环氧树脂在性能上无很大不同,对复合材料的影响也很小。

(2)耐热性能。从聚合物的结构分析,为改善材料耐热性能,聚合物需具有刚性分子链、结晶性或交联结构。为提高耐热性,首先选用能产生交联结构的聚合物,如聚酯树脂、环氧树脂、酚醛树脂、有机硅树脂。此外,工艺条件的选择会影响聚合物的交联密度,因而也影响耐热性。提高耐热性的第二个途径是增加高分子链的刚性，因此在高分子链中减少单键，引进共价双键、三键或环状结构（包括脂环、芳环或杂环等），对提高聚合物的耐热性很有效果。

（3）耐化学腐蚀性。化学结构和所含基团不同，表现出不同的耐化学腐蚀性，树脂中过多的酯基、酚羟基将首先遭到腐蚀性试剂的进攻，这也决定了所形成聚合物基复合材料的最终耐化学腐蚀性。

（4）聚合物的介电性能。聚合物作为一种有机材料，具有良好的电绝缘性能。一般来讲，树脂大分子的极性越大，则介电常数越大、电阻率越小、击穿电压越小、介质损耗角值则越大，材料的介电性能越差。

三、复合材料的增强相

在复合材料中，凡是能提高基体材料性能的物质，均称为增强相（也称为增强材料、增强剂、增强体）。纤维在复合材料中起增强作用，是主要承力组分，它不仅能使材料显示出较高的抗张强度和刚度，而且能减少收缩，提高热变形温度和低温冲击强度等。复合材料的性能在很大程度上取决于纤维的性能、含量及使用状态。如聚苯乙烯塑料，加入玻璃纤维后，拉伸强度可从 600 MPa 提高到 1000 MPa，弹性模量可从 3000 MPa 提高到 8000 MPa，热变形温度从 85℃提高到 105℃，−40℃下的冲击强度提高 10 倍。

复合材料常用的增强相包括三类，即纤维、颗粒、晶须。

（一）纤维增强体

现代复合材料所采用的纤维增强体大多为合成纤维，合成纤维分为有机增强纤维与无机增强纤维两大类。有机纤维包括 Kevlar 纤维、尼龙纤维、聚乙烯纤维等；无机纤维包括玻璃纤维、碳纤维等。

1. 聚芳酰胺纤维

聚芳酰胺纤维是分子主链上含有的密集芳环与芳酰胺结构的聚合物，经溶液纺丝获得的合成纤维，最有代表性的商品为 Kevlar 纤维，被杜邦公司于 1968 年发明。在我国亦称芳纶，20 世纪 80 年代，国内研发成功相似的聚芳酰胺纤维：芳纶-14 与芳纶-1414。杜邦公司有该合成纤维的 20 多个品牌，如 Kevlar-49（相当于国内芳纶-1414）、Kevlar-29（相当于国内芳纶-14）。Kevlar-49 由对苯二胺与对苯二甲酸缩聚而得；Kavlar-29 来源于对氨基苯甲酸的自缩聚。

芳纶纤维的化学链主要由芳环组成，芳环结构具有高刚性，并使聚合物链呈伸展状态而不是折叠状态，形成棒状结构，因而纤维具有高模量。芳纶纤维分子链是线型结构，使纤维能有效地利用空间而具有较高的填充能力，在单位体积内可容纳很多聚合物。这种高密度的聚合物具有较高的强度，从其规整的晶体结构可以说明芳纶纤维的化学稳定性、高温尺寸稳定性、不发生高温分解以及在很高温度下不致热塑化等特点。通过电镜对纤维的观察表明，芳纶纤维是一种沿轴向排列的有规则的褶叠层结构，这种模型可以很好地解释横向强度低、压缩和剪切性能差及易劈裂的现象。

芳纶纤维主要应用于橡胶增强、特制轮胎、三角皮带等。其中，Kevlar-29 主要用于复合材料绳索、电缆、高强度织物以及防弹背心制造；Kevlar-49 主要用于航天、航空、造船工业的复合材料制件。芳纶纤维单丝拉伸强度可达 3773 MPa，254 mm 长的芳纶纤维束拉伸强度为 2744 MPa，大约为铝线的 5 倍；其冲击强度约为石墨纤维的 6 倍、硼纤维的 3 倍、玻璃纤维的 0.8 倍。

2.聚乙烯纤维

聚乙烯纤维是目前国际上最新的超轻、高比强度、高比模量纤维，成本也比较低。美国联合信号公司生产的 Spectra 高强度聚乙烯纤维的纤维强度超过杜邦公司的 Kevlar 纤维。作为高强度纤维使用的聚乙烯材料，其分子量都在百万单位以上，纤维的拉伸强度为 3.5GPa，弹性模量为 116 GPa，延伸率为 3.4%，密度为 0.97 g·cm^{-3}。在纤维材料中，聚乙烯纤维具有高比强度、高比模量以及耐冲击、耐磨、自润滑、耐腐蚀、耐紫外线、耐低温、电绝缘等多种优异性能。其不足之处是熔点较低（约 135℃）和高温容易蠕变，因此仅能在 100℃ 以下使用。聚乙烯纤维主要用于缆绳材料、高技术军用材料，如制作武器装甲、防弹背心、航天、航空部件等。

3.玻璃纤维

玻璃纤维是由含有各种金属氧化物的硅酸盐类在熔融态以极快的速度拉丝而成。玻璃纤维质地柔软，可以纺织成各种玻璃布、玻璃带等织物。玻璃纤维成分的关键指标是其含碱量，即钾、钠氧化物含量。根据含碱量，玻璃纤维可以分类为：有碱玻璃纤维（碱性氧化物含量>12%，亦称 A 玻璃纤维）、中碱玻璃纤维（碱性氧化物含量为 6%～12%）、低碱玻璃纤维（碱性氧化物含量为 2%～6%)、无碱玻璃纤维(碱性氧化物含量<2%,亦称 E 玻璃纤维)。通常含碱量高的玻璃纤维熔融性好、易抽丝、产品成本低。

按用途分类,玻璃纤维又可分为:高强度玻璃纤维(S 玻璃纤维,强度高,用于结构材料)、低介电玻璃纤维(D 玻璃纤维,电绝缘性和透波性好,适用于雷达装置的增强材料)、耐化学腐蚀玻璃纤维(C 玻璃纤维,耐酸性优良,适用于耐酸件和蓄电池套管等)、耐电腐蚀玻璃纤维及耐碱腐蚀玻璃纤维(AR 玻璃纤维)。

玻璃纤维的结构与普通玻璃材料没有不同,都是非晶态的玻璃体硅酸盐结构,也可视为过冷玻璃体。玻璃纤维的伸长率和热膨胀系数较小,除氢氟酸和热浓强碱外,能够耐受许多介质的腐蚀。玻璃纤维不燃烧,耐高温性能较好,C 玻璃纤维软化点为 688℃,S 玻璃纤维与 E 玻璃纤维耐受温度更高,适于高温使用。玻璃纤维的缺点是不耐磨、易折断、易受机械损伤,长期放置强度下降。玻璃纤维成本低、品种多、适于编织,作为常用增强材料,广泛用于航天、航空、建筑和日用品加工等。

4.碳纤维

碳纤维是由有机纤维经固相反应转变而成的纤维状聚合物碳,是一种非金属材料。它不属于有机纤维的范畴,但从制法上看,它又不同于普通无机纤维。碳纤维性能优异,不仅重量轻、比强度大、模量高,而且耐热性高、化学稳定性好。其制品具有非常优良的射线透过性,阻止中子透过性,还可赋予塑料以导电性和导热性。以碳纤维为增强剂的复合材料具有比钢强、比铝轻的特性,是目前最受重视的高性能材料之一,在航空、航天、军事、工业、体育器材等许多方面有着广泛的用途。

目前国内外已商品化的碳纤维种类很多,一般可以根据原丝的类型、碳纤维的性能和用途进行分类。

(1)根据碳纤维的性能分类。包括高性能碳纤维、低性能碳纤维。

(2)根据原丝类形分类。根据原丝类形分类主要有聚丙烯腈基碳纤维、黏胶基碳纤维、沥青基碳纤维、木质素纤维基碳纤维和其他有机纤维基碳纤维。

(3)根据碳纤维功能分类。根据碳纤维功能可分为受力结构用碳纤维、耐焰碳纤维、活性碳纤维、导电用碳纤维、润滑用碳纤维、耐磨用碳纤维。

碳纤维材料最突出的特点是强度和模量高、密度小,和碳素材料一样具有很好的耐酸性。热膨胀系数小,甚至为负值。具有很好的耐高温蠕变能力,一般碳纤维在 1900℃ 以上才呈现出永久塑性变形。此外,碳纤维还具有摩擦系数低、自润滑性好等特点。

(二)晶须增强体

晶须是指具有一定长径比(一般大于 10)、截面积小于 $52×10^{-5}cm^2$ 的单晶纤维材料,晶须的直径为 $0.1\mu m$ 至数微米,长度与直径比在 $5～1000$ 之间。晶须是含有较少缺陷的单晶短纤维,其拉伸强度接近其纯晶体的理论强度。自 1948 年贝尔公司首次发现以来,迄今已开发出 100 多种晶须,但进入工业化生产的不多,有 SiC、Si_3N_4、TiN、Al_2O_3、钛酸钾和莫来石等少数几种晶须。晶须可分为金属晶须(如 Ni、Fe、Cu、Si 等)、氧化物晶须(如 MgO、ZnO、BeO、Al_2O_3 等)、陶瓷晶须(如碳化物晶须,SiC、TiC、WC等)、氮化物晶须(Si_3N_4、TiN、AlN 等)、硼化物晶须(如 TiB_2、ZrB_2、TaB_2 等)和无机盐类晶须($K_2Ti_6O_{13}$、$Al_{18}B_4O_{33}$)。

晶须的制备方法有化学气相沉积法、溶胶—凝胶法、气液固法、液相生长法、固相生长法和原位生长法等。利用固相生长法制造 SiC 晶须的典型方法是,通过灼烧稻壳先获得无定形 SiO_2,再与无定形碳反应形成 SiC 晶须。

晶须是目前已知纤维中强度最高的一种,其机械强度几乎等于相邻原子间的作用力。晶须高强度的原因主要是其直径非常小,容纳不下能使晶体削弱的空隙、位错和不完整等缺陷。晶须材料的内部结构完整,使它的强度不受表面完整性的严格限制。晶须兼有玻璃纤维和硼纤维的优良性能,具有玻璃纤维的延伸率(3%～4%)和硼纤维的弹性模量[$(4.2～7.0)×10^6$ MPa],氧化铝晶须在 2070℃ 高温下仍能保持 7000MPa 的拉伸强度。晶须没有显著的疲劳效应,切断、磨粉或其他的施工操作都不会降低其强度。晶须在复合材料中的增强效果与其品种、用量关系极大。另外,晶须材料在复合使用过程中一般需经过表面处理,改善其与基体的相互作用性能。

晶须复合材料由于价格昂贵,目前主要用在空间和尖端技术上,在民用方面主要用于合成牙齿、骨骼及直升飞机的旋翼和高强离心机等。晶须材料除增强复合材料力学性能外,还可以增强复合材料的其他性能,如四针状氧化锌晶须材料可以较低的填充体积赋予复合材料优异的抗静电性能。

(三)颗粒增强体

用以改善基体材料性能的颗粒状材料,称为颗粒增强体,该类增强体与其他增强材料略有不同,它在复合材料体系中很大程度上是起到体积填充作用。颗粒增强体一般是指具有高强度、高模量、耐热、耐磨、耐高温的陶瓷、石墨等无机非金属颗粒,如 SiC、Al_2O_3、Si_3N_4 等。这些颗粒增强体具有较高刚性,也被称为刚性颗粒增强体。颗粒粒径通常较小,一般低于 10pm,掺混到金属、陶瓷基体中,可提高复合材料耐磨、耐热、强度、模量和韧性等综合性能。在铝合金基体中加入体积分数为 30%、粒径 $0.3\mu m$ 的 Al_2O_3 颗粒,所得金属基复合材料在 $300℃$ 高温下的拉伸强度仍可保持在 220 MPa,所掺混的颗粒越细,复合材料的硬度和强度越高。

另有一类非刚性的颗粒增强体具有延展性,主要为金属颗粒,加入陶瓷基体和玻璃陶瓷基体中能改善材料的韧性,如将金属铝粉加入氧化铝陶瓷中等。

四、复合材料的主要性能与应用

(一)聚合物基复合材料的主要性能

聚合物基复合材料按所用增强体不同,可以分为纤维增强、晶须增强、颗粒增强三大类。

聚合物基复合材料具有许多突出的性能与工艺特点,主要包括以下几方面。

(1)比强度、比模量大。玻璃纤维复合材料有较高的比强度、比模量,而碳纤维、硼纤维、有机纤维增强的聚合物基复合材料的比强度相当于钛合金的 $3\sim5$ 倍,比模量相当于金属的 3 倍多,这种性能可因纤维排列的不同而在一定范围内变动。

(2)耐疲劳性能好。金属材料的疲劳破坏常常是没有明显预兆的突发性破坏,而聚合物基复合材料中纤维与基体的界面能阻止材料受力所致裂纹的扩展。因此,其疲劳破坏总是从纤维的薄弱环节开始逐渐扩展到结合面上,破坏前有明显的预兆。大多数金属材料的疲劳强度极限是其抗张强度,而碳纤维/聚酯复合材料的疲劳强度极限可达到其抗张强度的 70% $\sim80\%$。

(3)减振性好。受力结构的自振频率除与结构本身形状有关外,还与结构材料比模量的平方根成正比。复合材料比模量高,故具有较高的自振频率。同时,复合材料界面具有吸振能力,使材料的振动阻尼很高。由试验得知,对于同样大小的振动,轻合金梁需 9s 停止,而碳纤维复合材料梁只需 2.5s 就停止。

(4)过载时安全性好。复合材料中有大量增强纤维,当材料过载而有少数纤维断裂时,载荷会迅速重新分配到未破坏的纤维上,使整个构件在短期内不至于失去承载能力。

(5)具有多种功能性。包括良好的耐烧蚀、摩擦性、电绝缘性、耐腐蚀性,特殊的光学、电学、磁学的特性等。但聚合物基复合材料还存在着一些缺点,如耐高温性能、耐老化性能及材料强度一致性等,这些都有待进一步提高。

(二)金属基复合材料的主要性能

1.金属基复合材料的主要特点

金属基复合材料(MMC),是以金属及其合金为基体,与其他金属或非金属增强相进行人工结合而成的复合材料。其增强材料大多为无机非金属,如陶瓷、碳、石墨及硼等,也可以用金属丝。它与聚合物基复合材料、陶瓷基复合材料以及碳/碳复合材料一起构成现代复合材料体系。

金属基复合材料的制备过程在高温下进行,有的还需要在高温下长时间使用,使活性金属基体与增强相之间的界面不稳定。金属基复合材料的增强相与基体界面起着关键的连接和传递应力的作用,对金属基复合材料的性能和稳定性起着极其重要的作用。金属基复合材料可以按其所用增强相的不同来分类,主要包括纤维增强金属基复合材料、颗粒增强金属基复合材料、晶须增强金属基复合材料。MMC 常用的纤维包括硼纤维、碳化硅纤维、氧化铝纤维和碳与石墨纤维等。其中增强材料绝大多数是承载组分,金属基体主要起黏接纤维、传递应力的作用,大都选用工艺性能(塑性加工、铸造)较好的合金,因而常作为结构材料使用。在纤维增强金属基复合材料中比较特殊的是定向凝固共晶复合材料,其增强相为和基体共同生长的层片状和纤维状相。大多数作为高温结构材料,如航空发动机叶片材料;也可以作为功能型复合材料应用,如 InSb-NiSb 可以作磁、电、热控制元件。

颗粒、晶须增强相包括 SiC、Al_2O_3、B_4C 等陶瓷颗粒,及 SiC、Si_3N_4、B_4C 等晶须,这类典型的复合材料包括 SiCp 增强铝基、镁基和钛基复合材料,TiCp 增强钛基复合材料和 SiCw 增强铝基、镁基和铁基复合材料等。

这类复合材料中增强材料的承载能力不如连续纤维,但复合材料的强度、刚度和高温性能往往超过基体金属,尤其是在晶须增强情况下。由于金属基体在不少性能上仍起着较大作用,通常选用强度较高的合金,一般均进行相应的热处理。颗粒或晶须增强金属基复合材料可以采取压铸、半固态复合铸造以及喷射沉积等工艺技术制备,是应用范围最广、开发和应用前景最大的一类金属基复合材料,已应用于汽车工业。颗粒、晶须、短纤维增强金属基复合材料亦称为非连续增强型。

总之,金属基复合材料具有的高比强度,高比模量,良好的导热性、导电性、耐磨性,低的热膨胀系数等优异的综合性能,使其在航天、航空、电子、汽车、先进武器系统中均具有广泛的应用前景。

与聚合物基复合材料相比,金属基复合材料的发展时间较短,处在蓬勃发展阶段。随着增强材料性能的改善、新的增强材料和新的复合制备工艺的开发,新型金属基复合材料将会不断涌现,原有各种金属基复合材料的性能也将会不断提高。

2. 金属基复合材料的典型代表

一般来说,金属基复合材料所用基体金属可以是单一金属,也可以是合金,就单一金属基体分类,比较常见的为铝、钛、镁等,以及它们的合金。

(1)铝基复合材料。铝基复合材料是当前品种和规格最多、应用最广泛的一类复合材料。包括硼纤维、碳化硅纤维、碳纤维和氧化铝纤维增强铝;碳化硅颗粒与晶须增强铝等。铝基复合材料是金属基复合材料中开发最早、发展最迅速、品种齐全、应用最广泛的复合材料。纤维增强铝基复合材料,因其具有高比强度和比刚度,在航空航天工业中不仅可以大大改善铝合金部件的性能,而且可以代替中等温度下使用的昂贵的钛合金零件。在汽车工业中,用铝及铝基复合材料替代钢铁的前景也很好,可望起到节约能源的作用。

(2)钛基复合材料。钛基复合材料主要包括硼纤维、碳化硅纤维增强钛、碳化钛颗粒增强钛。钛基复合材料的基体主要是 Ti-6Al-4V 或塑性更好的 β-型合金(如 Ti-15V-3Cr-3Sn-3Al)。以钛及其合金为基体的复合材料具有高比强度和比刚度,而且具有很好的抗氧化性能和高温力学性能,在航空工业中可以替代镍基耐热合金。颗粒增强钛基复合材料主要采用粉末冶金方法制备,如用冷等静压和热等静压相结合的方法制备,并与未增强的基体钛合金实现扩散连接,制成共基质微宏观复合材料。

（3）镁基复合材料。镁及其合金具有比铝更低的密度，在航空航天和汽车工业中具有较大的潜力。大多数镁基复合材料的增强材料为颗粒与晶须，如 SiCp 或 SiCw/Mg 和 B_4Cp、Al_2O_3p/Mg。虽然石墨纤维增强镁基复合材料与碳纤维、石墨纤维增强铝相比，密度和热膨胀系数更低，强度和模量也较低，但具有很高的导热/热膨胀比值，在温度变化环境中，是一种尺寸稳定性极好的宇宙空间材料。

3.金属基复合材料的界面化学结合

金属基复合材料中增强相与金属基体相界面的结合状态对复合材料整体性能影响较大，如碳纤维增强铝基复合材料中，在不同界面结合受载时，如果结合太弱，纤维就大量拔出，强度降低；结合太强，复合材料易脆断，既降低强度又降低塑性；只有结合适中，复合材料才表现出高强度和高塑性。增强相与基体金属界面的结合作用一般包括机械结合、浸润溶解结合、化学反应结合、混合结合，其中化学反应结合最为重要。

大多数金属基复合材料属于热力学非平衡系统，即增强体与金属基体之间只要存在有利的动力学条件，就可能发生增强体与基体之间的扩散和化学反应，在界面上生成新的化合物层。例如，硼纤维增强钛基复合材料时，界面发生化学反应生成 TiB_2 界面层；碳纤维增强铝基复合材料界面反应时，生成 Al_4C_3 化合物。在许多金属基复合材料中，界面反应层不是单一的化合物。例如，Al_2O_3FP 纤维增强铝合金时，在界面上有两种化合物 α-$LiAKO_2$ 和 $LiAl_5O_8$ 存在；而硼纤维增强 Ti/Al 合金时，界面反应层也存在多种反应产物。

化学反应界面结合是金属基复合材料的主要结合方式，在界面发生适量的化学反应，可以增加复合材料的强度。但化学反应过量时，因反应的生成物大多数为脆性物质，界面层积累到一定厚度会引起开裂，严重影响复合材料的性能。

（三）陶瓷基复合材料的主要性能

陶瓷材料具有强度高、硬度大、耐高温、抗氧化、耐化学腐蚀等优点，但其抗弯强度不高、断裂韧性低，限制了其作为结构材料的使用。当用高强度、高模量的纤维或晶须增强后，其高温强度和韧性可大幅度提高，陶瓷基复合材料的主要性能就是增韧。最近，欧洲动力公司推出的航天飞机高温区用碳纤维增强碳化硅基体和用碳化硅纤维增强碳化硅基体所制造的陶瓷基复合材料,可分别在 1700℃ 和 1200℃ 下保持 20℃ 时的抗拉强度,且有较好的抗压性能、较高的层间剪切强度;而断裂延伸率较一般陶瓷大,耐辐射效率高,可有效地降低表面温度,有极好的抗氧化、抗开裂性能。

陶瓷基复合材料与其他复合材料相比发展仍较缓慢,主要原因是制备工艺复杂,且缺少耐高温纤维。

(四)复合材料的应用

(1)能源技术领域的应用。高技术对材料的选用是非常严格和苛刻的,复合材料的优越性能比一般材料更能适合各种高技术发展的需要。如运载火箭的壳体、航天飞机的支架、卫星的支架等各种结构件,都要求用质轻、高强度、高刚度的材料以节约推动所需的燃料,复合材料能满足这些要求。特别是像导弹的头部防热材料、航天飞机的防热前缘和火箭发动机的喷管等需要耐高温、抗烧蚀的材料,这些更是非复合材料莫属。

(2)信息技术领域的应用。信息技术是现代发展最迅速的高新技术,在信息技术中包括信息的检测、传输、存储、处理运算和执行等方面,复合材料起到重要的作用。

第六章　材料技术在能源领域中的应用研究

第一节　光催化在能源化工领域的应用

随着社会的发展和经济水平的提高,人们对绿色能源的需求也与日俱增。太阳能作为一种储量丰富的可再生能源也逐渐被纳入未来能源版图之中。随着太阳能以及材料技术的发展,光催化在能源化工领域展现出了越来越光明的前景。光催化剂在接受特定波长的光照条件下能够产生光生电子/空穴对,在电子和空穴结合产生热量之前,一些电荷会迁移到催化剂表面,与吸附在催化剂表面的一些吸附物种发生反应,光生电子和光生空穴分别可以参与的氧化还原电势位于导带和价带之间,那么该反应在热力学上就可以发生。其中,光生氧空穴具有非常强的氧化能力,而光生电子则可以与通常的氧化物反应。因为这些超乎寻常的氧化和还原特性,光催化也常常被用来活化 N_2、CH_4、CO_2 等稳定性较高的分子,为这些反应的研究方向提供了一个全新的可能,其中不少反应结果甚至表现出非常不错的应用前景。

一、光催化合成氨反应

合成氨方法的发明可以被称为 20 世纪最伟大的科学发现之一。但是因为 N_2 分子极为稳定,因此要想将其转化为 NH_3 就需在高温高压下反应才可以进行。这种被称作哈伯·博施反应的过程每年将消耗全世界 $1\% \sim 2\%$ 的能源,同时会排放大量的 CO_2,给环境和资源带来了巨大的压力。自从 1977 年 Shrauzer 在 TiO_2 表面发现紫外光可以在常温常压下实现固氮反应以来,光催化固氮的方法也逐渐进入了研究者的视野。Hirakawa 等发现将商用 TiO_2 放入水中并通过鼓泡反应,就可实现 N_2 的固定,太阳能到化学能的转化效率达到了 0.02%,但仍低于自然界的光转化效率

（0.1％）。研究者认为在缺陷附近生成的 Ti^{3+} 物种是该催化剂的活性中心。

要想实现从 N_2 到 NH_3 的高效转化,其中最重要的步骤就是 N_2 的吸附和活化过程。为了实现该目的,研究者们开发出了多种富含氧空位的半导体结构提升 N_2 的吸附性能。如 Li 等制备了暴露(001)晶面的 BiOBr 纳米片。该结构中的 Bi_2O_2 晶格富含氧缺陷位,能够有效增强 N_2 的吸附。理论计算结果表明,N_2 在这种缺陷位上吸附之后,$N\equiv N$ 的键长从原来的 1.078×10^{-10} m 被拉升到了 1.133×10^{-10} m,从而减弱了原有的键能,起到了活化 N_2 的作用,为实现常温常压下转化 N_2 提供了可能。而 Wang 等则将 BiOBr 制备成了直径仅 5 mm 的纳米管,使材料能暴露出非常多的氧空位,在可见光照射下,该体系能够实现 2.3％ 的量子转化率,NH_3 的生成速率也达到了 1.38 mmol/(g·h)。

除了氧缺陷之外,氮缺陷也可被用来增强 N_2 吸附,从而促进光催化反应的发生。$g\text{-}C_3N_4$ 是一种层状化合物,其层内的 C 原子和 N 原子按嗪类结构依次排列。$g\text{-}C_3N_4$ 中的氮缺陷与氮气中的 N 原子有类似的大小和形状,因此该材料能选择性吸附 N_2 并赋予 $g\text{-}C_3N_4$ 固定 N_2 的作用。如果在该层状材料上担载 Pd,那么占据了 N 空位的 Pd 纳米粒子则会完全抑制该催化剂的光催化效果。

直接采用光催化进行反应的效率仍然不够理想,因此也有研究者将光催化和热催化过程耦合在一起,用以提升反应的整体效率。在 $TiO_{2-x}H_x$ 表面担载 Ru 纳米粒子,利用在 Ru 纳米粒子附近光激发的局域电场可增强合成氨反应的效果。在 Ru 纳米粒子的近场增强作用下,Ru 纳米粒子表面附近的温度能升高 20℃~100℃,提升了催化剂表面的局域反应条件。而且研究者发现,在该体系中存在着双功能的反应机制,经过氢处理的 $TiO_{2-x}H_x$ 表面能吸附氢并迁移到 Ru 表面,与吸附在 Ru 表面的 N 发生耦合生成 NH_3。这一反应有效避开了活性金属表面因为氢吸附能力太强而中毒失活的情况。得益于这种双功能结构,在该催化剂表面的光催化合成氨反应活化能相比传统热反应催化剂(86 kJ/mol)下降了 21 kJ/mol。在 6 mL/min、360℃ 的反应条件下,合成氨的反应速率达到了 0.11mmol/(g·h)。

二、光催化甲烷转化

甲烷与氮气类似,也具有非常稳定的分子结构。甲烷主要以天然气的形态存在于自然界中，储量非常丰富。世界上大约有 90% 的甲烷都是直接被用作化石燃料直接燃烧。如果能够活化甲烷将其制备成具有高附加值的化学品，则具有非常重要的商业意义。目前主要的甲烷转化方法为间接法，如将其氧化为 CO 制合成气，然后再做进一步的加工。该方法能耗巨大，而且存在一定的安全和环保隐患。光催化的方法给甲烷的转化提供了新的思路。

1989 年，Ogura 发表了采用光化学方法从甲烷制备甲醇的方法。将甲烷通入低于 100℃ 的蒸汽中，在汞灯照射下，即可发生化学反应，甲醇的选择性为 70%，其余生成物还有甲酸、甲醛、乙酸和丙酮等。他们认为该反应的机理为自由基反应，反应过程相对难以控制，而且转化率和选择性也相对较差。后来 Sastre 等采用 beta-分子筛为载体，以深紫外光为光源（波长低于 200 nm）大大提升了反应的速率和选择性。经过改进后，在 5 min 的反应时间内甲烷的转化率达到了 13%，且 C_1 含氧化合物的选择性达到了 95%。虽然采用了外部的紫外光源，但相比传统的蒸气重整过程，该方法的能耗降低了一半。Murcia-López 等利用水热合成法制备了 $BiVO_4$、Bi_2WO_6、B_2WO_6/P-25 催化剂，这些催化剂能够在低于 100℃ 的条件下将甲烷转化为甲醇、CO_2 和乙烷等产物。通过添加 O_2 和 Fe^{3+} 等反应助剂能够有效提升反应的转化率，相应地 CO_2 选择性也大幅上升。其中，$BiVO_4$ 具有较为均衡的反应结果，他们认为这可能与材料的能带结构有关。$BiVO_4$ 的导带更负，能更容易地还原水，同时释放出氢气，从而降低了催化剂在反应过程中被还原的可能，保持了催化活性。

除了将甲烷转化为醇类以及其他的 C_1 氧化物之外，在光催化的反应体系里甲烷还能被转换为乙烷等其他含碳化合物。Yu 等制备了 Pt/TiO_2 催化剂，在室温下实现了甲烷向乙烷的转化。他们认为担载在 TiO_2 表面的 Pt 纳米粒子有助于 ·OH 自由基的生成，进而促进了 CH_3 自由基的产生，以及乙烷的生成。其中，Pt 担载量 0.5%（w）的 Pt/TiO_2 催化剂具有最好的乙烷选择性（61.7%），并且在经过多达 10 次循环后乙烷选择性仍有 53.2%。制备了 Ag 修饰的纳米 ZnO，实现了高效的 CH_4 光催化转化。在常温常压下，该催化体系在紫外光照射下的量子转化效率达到了 8%，在流动模式下反应时甲烷的转化率为 0.35%，乙烷的选择性则高达 89.4%。此外，在制备了极性 ZnO 纳米片表面担载 Au 纳米粒子的催化剂，在紫外光和可见光的照射下实现了甲烷向乙烷的选择性转化。ZnO 对紫外光较为敏感，而 Au 纳米粒子则在可见光的照射下具有一定的反应活性，在两种光源同时开启的情况下反应的转化率相比单一光源提升了 5 倍。ZnO(001)晶面和 Au 纳米粒子等离子体共振的协同效应是该体系实现高效转化的关键。在该体系中,光能转化效率达到了 0.08%,接近了植物光合作用的转化效率(0.1%)。

　　甲烷的光催化转化研究依旧停留在比较初级的阶段,反应的选择性和转化率仍然相对较低,要想将该反应应用于实际生产还有不小的差距。但通过光催化方式能够在相对温和的条件下将甲烷转化成为乙烷以及其他含氧化合物,该过程能耗低,为甲烷的活化提供了新的思路,具有重要的研究价值,值得研究者进一步探索。

三、光催化 CO_2 还原

　　随着化石能源的消耗,越来越多的 CO_2 被释放到了大气当中,给环境带来了巨大压力。如何降低大气中 CO_2 的含量并将其转化为具有经济附加值的化学品也是一个重要的科学命题。CO_2 具有天然的化学惰性,在常见的催化剂表面也非常难以吸附,由此导致 CO_2 的转化率和选择性都非常低。1979 年,有学者采用 TiO_2 等半导体材料通过光催化的方法将 CO_2 转化为甲醇、甲醛和甲酸等化学品,虽然当时的转化效率较低,但这一突破性的发现为研究者将 CO_2 转化为其他化学品指出了一个方向。

　　在半导体上担载金属纳米粒子是最常见的一种用来提升光催化转化 CO_2 效率的方法。该方法不仅能提升反应的转化率,而且担载不同的纳米粒子所得到的产物的选择性均有很大的提升。光的吸收是金属纳米粒子的特性之一,尤其是 Au 或 Ag 等纳米粒子,在接受光照射的情况下,会在纳米粒子表面产生等离子体共振(SPR)。SPR 所激发的电子将会从纳米粒子表面转移到相邻的半导体上[如 TiO_2 和金属有机框架材料(MOF)],而这些处在激发态的热电子与反应环境中的 H_2O 和 O_2 等物质生成了具有氧化性的自由基,从而能够促进一些氧化还原反应进行。用 Au 和 Pt 等纳米粒子修饰 TiO_2 纳米纤维,从而在紫外可见光区下将 CO_2 转化为 CH_4 和 H_2。其中,AuPt/TiO_2 催化剂比 Au/TiO_2 和 Pt/TiO_2 催化剂的效率分别提升了 18 倍和 1.4 倍。原因在于 Au 的 SPR 效应增强了光生电荷和空穴的分离效果,而 Pt 又会提升 CO_2 的还原效果。两者的协同作用使得催化剂的转化效率得到了成倍提升。

　　新材料的发现为 CO_2 的光催化转化提供了新的思路,使得光催化转化

CO_2 的反应活性有了大幅提升。但使用单一材料进行 CO_2 的转化依旧效率低下,采用多材料协同的方式,借助诸如 SPR 效应的方法能有效提升电荷分离及电荷迁移的效率,也是未来研究者们提升光催化反应性能的一个重要的方向。

综上所述,从热力学角度看,光催化的独特特性使得 N_2、CH_4、CO_2 等惰性分子在较温和的条件下被转化为具有高附加值的化学品,使得这些化学反应实现低温甚至常温转化成为可能。然而在实际应用过程中,光催化反应的效率仍非常低,反应的规模也还处在实验室小试阶段,离真正的工业化应用还有很长的一段距离。从原理上分析,光催化反应的综合效率是由光的吸收效率、光生电荷的产生效率、光生电荷的迁移效率以及光生电荷的利用效率等四个部分综合而成的。在目前的研究阶段,这四个步骤都没有被完全认识清楚,仍需要材料学、催化科学、计算科学、物理科学甚至是生物学等多学科的共同努力才有可能在目前的基础上取得进一步的发展。

第二节　纳米材料在新型能源领域中的功能化应用

一、纳米材料技术在油田的应用

近年来,随着世界经济的飞速发展,石油产品在各个行业中的应用越来越广泛,全球对石油的需求量也越来越大,世界石油工业的发展是与科学技术的发展同步的,石油工业的飞跃性发展依赖于相关技术和材料的突破,在油气田开发方面,新材料的应用对推进新工艺技术的发展起着关键的决定性作用,特种有机高分子材料的应用决定了开发驱替方式的创新;耐磨、耐腐蚀新材料和新型橡胶、工程塑料等的应用,有效地提高了开发工艺的技术水平,纳米材料由于其自身独特的性能,是一种性能非常优异的新材料,它对油气田的开发方面有广泛的应用,并且应用效果极其明显。

(一)纳米技术在驱油中的应用

近年来,在纳米技术的基础上研究出一种纳米乳,有时被称为微乳,纳米乳液是由油、水、表面活性剂和助表面活性剂组成的,具有热力学稳定性和各向同性的多组分分散体系,纳米乳液与普通乳液有相似之处,但也有根本的区别,普通乳液的形成一般需要外界提供能量,如需搅拌、超声波振荡等处理才能形成;而纳米乳液则自动形成,无须外界提供能量,普通乳液是热力学不稳定体系,存放过程中会发生聚结而最终分离成油相和水相;而纳米乳液是热力学稳定体系,不会发生聚结,即使在超离心作用下出现暂时分层,一旦取消离心力场,分层现象立即消失,自动恢复到原来的稳定体系。

关于纳米乳液的自发形成,国外有的学者提出了瞬时负界面张力形成机理,该机理认为,油水界面张力在表面活性剂的作用下大大降低,一般为几毫牛/米(mN/m),这样的界面张力只能形成普通乳液,但在更好的表面活性剂和助表面活性剂作用下,由于产生了混合吸附,界面张力进一步下降至超低水平($1 \times 10^{-3} \sim 1 \times 10^{-5}$ mN/m),甚至产生瞬时不能稳定的负界面张力,体系将自发扩张界面,使更多的表面活性剂和助表面活性剂吸附于界面而使其体积浓度降低,直至界面张力恢复至零或微小的正值,这种因瞬时负界面张力而导致的体系界面自发扩张的结果就自动形成纳米乳液。由上可见,纳米乳液的超低界面张力以及随之产生的超强增强溶解和乳化作用是纳米乳液应用的重要基础,油田开发中,在二次采油时低渗、低孔和低压油普遍存在注入压力高、注水量小等问题,不能有效发挥水驱的作用。提高原油采收率所用的纳米乳液由表面活性剂、低碳醇和盐水及烃(或不含烃)组成,注液量一般为岩层孔隙体积的3%~20%,由于纳米乳液的超低表面张力,使其容易注入地层,特别是低孔低渗地层,注入纳米乳液后,纳米乳液使油藏中残留在岩石孔隙中的原油的表面张力急剧降低,从而使油脉可以从岩石孔隙的窄颈中流出,聚结成油带,在注入水的驱动下油带向产油井移动并被采出。

随着油田的不断开采和新探明储量的减少,如何开采占地下原始储量60%以上而常规方法开采不出的原油,提高原油采出效率已经成为世界各国普遍关注的问题。开发驱油剂是目前广泛采用的方法。

分子沉积膜驱油技术是基于静电相互作用制备纳米级超薄膜——分子沉积(MD)膜的理论而发展起来并拓展到石油开采领域中的一项新的提高采收率的技术。其机理有别于传统的化学驱。纳米MD驱是在水驱油的基础上,注入低浓度纳米级有机分子MD膜水驱替液,通过小分子化合物作用于岩石表面,使原油从岩石表面剥离下来,形成纳米级MD超薄膜来提高驱替效率和原油采收率。实验室实验表明,该方法比常规技术可提高采收率5%~20%。该技术MD膜驱剂用量少,施工工艺简单,实施成本低,不损害地层和适用范围广。在油田三次采油中,为解决高温、高矿化度对高分子聚合物黏度等性能的不利影响,应用纳米沉积膜驱油剂,能满足复杂油层使用要求,提高原油采收率,

由北京交通大学朱红教授主持的油田化学品课题组将改性纳米氧化物和石油磺酸盐按一定比例复配,当其用量为 0.4%(质量)时,使油水界面张力降低至 $1×10^{-4}$ mN/m 以下,由于油水界面张力的降低,有效地降低了剩余油的黏附功,使残余油易于变形、移动、剥离。同时,降低油水界面张力能消除毛细阻力,减少了油珠通过狭窄孔径移动时界面变形所需的功,使得油珠容易通过喉道,有利于油珠的运移、聚并。在其作用下,原油的洗油效率得到了显著的提高,从而提高了原油的采收率,使用本复配驱油剂能在较宽的范围内保证原油和水具有超低界面张力,提高原油的采收率。其组成单一,一定程度上克服色谱分离效应导致驱油效率的下降。并且该驱油剂与油碱配伍性好,价格低廉,可以广泛地应用于油田驱油,改性无机纳米粉体可以是二氧化硅、三氧化二铝、二氧化钛或以上的混合物。改性无机纳米粉体的改性剂是 7-缩水甘油醚氧丙基三甲氧基硅烷(KH560)或 Y-甲基丙烯酰氧基丙基三甲氧基硅烷(KH570)等硅烷偶联剂。

(二)纳米技术在钻井液、完井液中的应用

钻井液是紧紧围绕着黏土颗粒的利用和抑制而发展的。在钻井液中加入各种处理剂,是为了改变黏土性质,使其保持合适的颗粒状态,保持钻井液合理的流变性、造壁性、润滑性和抑制性。由于黏土在钻井液中的分散过程,颗粒表面聚集了大量的负电荷,负电性钻井液处理剂的加入进一步加剧了黏土的分散,导致颗粒比表面增大,充分水化的钻井液中分散的黏土颗粒直径为 $0.005\sim2\mu m$,具有较大的比表面和较高的负电性,要将钻井液的负电荷进一步降低,就需要开发出一种呈正电性、颗粒粒径极小、比表面积极大的钻井液处理剂。这就是正电性纳米处理剂,正电性纳米处理剂加入钻井液中后,不仅能中和黏土表面负电荷,更重要的是能进入黏土晶格内,压缩双电层,固结黏土颗粒,防止黏土的水化分散,从而使钻井液具有更优良的抑制能力、稳定井眼能力和更好的油层保护能力。无机层状特种功能材料是纳米双羟基复合金属氧化物(LDHs),它是一类具有特殊结构和性能的新型无机二维纳米材料。利用纳米 LDHs 微晶的特殊结构、纳米尺寸和层板正电性能,可制取兼备触变性能、较高阴离子交换容量和悬浮稳定性的正电溶胶,将其作为油田钻井液的稳定剂,可稳定井壁岩层、提高钻井液的

携带能力、增加流动性。纳米技术在钻井液、完井液中的应用,有望出现一种具有强抑制性的钻井液和相应的新技术,从而有效地解决钻井过程中的井壁稳定及油气储层保护等问题,同时在非直井的钻井过程中利用纳米钻井液体系较高的表面活性,可以有效地降低钻井水平段的摩阻,使水平段进一步延伸成为可能。

(三)纳米技术在增注剂方面的应用

目前,我国大部分油田都进入了注水开发阶段,但对于低渗透油田的注水开采存在着开采速度慢、最终采收率低等问题。为很好地解决这一难题,在实际注入过程中采用了新型降压增注剂——纳米聚硅材料,经过在各类油田的试验证明,该材料能够提高低渗油田注水井的吸水能力,平衡注水井之间的压力差异。纳米聚硅材料是一种以二氧化硅为主要成分、具有极强憎水亲油能力的白色粉末状物质。

西西伯利亚、秋明、乌德米尔基、克拉斯诺达尔-克拉亚、萨玛尔什基等地区不同油田已用聚硅材料处理 200 口井,矿场试验表明,用该技术降压增注的效果良好,国内油田(东胜公司、胜利油田、中原油田等)用聚硅材料处理 12 口注水井,在相同注入压力下,施工后注水井注入量比施工前大幅度上升,最大净值可达 101m/d;在相同注入量下,注入压力明显下降,最大值可达 9.6 MPa。其机理表现为以下两个方面:

(1)聚硅材料注入地层后,吸附于岩石表面,由于具有纳米微粒的表面效应,使岩石润湿性发生改变,将吸附在孔隙内表面的水膜赶走,从而有效地扩大孔径。

(2)由于其强憎水性以及使岩石具有大的比面积,会大幅度降低注入水在孔隙中的流动阻力,同时避免了水化现象的发生。提高原油采收率所用的纳米乳液由表面活性剂、低碳醇、盐水及烃(或不含烃)组成,注液量一般为岩层孔隙体积的 3%～20%,由于纳米乳液的超低表面张力,使其容易注入地层,特别是低孔低渗地层。注入纳米乳液后,纳米乳液使油藏中残留在岩石孔隙中的原油的表面张力急剧降低,从而使油脉可以从岩石孔隙中流出,聚结成油带。在注入水的驱动下油带向产油井移动并被采出,室内实验也证明,"增注剂"在地层中的微观作用机理主要是相对渗透率的变化、润湿性改变、毛细管自发渗吸作用、吸附作用及界面性质的改变等。

（四）纳米技术在采油堵水中的应用

胜利油田孤东采油厂技术人员针对孤东油田的油藏类型、地下动态特征及三次采油过程中遇到的难题，与山东大学化学系合作，开展了纳米材料在采油生产中的封堵、封窜技术课题研究与应用，现已取得很大成效。孤东油田属疏松砂岩油藏，经多年强注、强采开发，油层物性(孔隙度、渗透率、饱和度)及地层压力已发生了急剧变化，地层(储层)层间矛盾越来越大，层内还存在着大孔道现象，严重制约着注聚驱区块的开发效果。针对孤东油田注聚驱区块所存在的严重窜聚等问题，根据类水滑石纳米材料的特点，开展了"类水滑石纳米材料(HTIC)在采油工艺技术的研究与应用"课题的攻关，以解决 3 次采油过程中遇到的一些生产与技术难题，开辟了纳米材料应用新领域、新技术。经过近一年的研究，已完成了 HTIC 纳米材料的制备技术研究和理论性能研究，研制出了外观呈白、红、灰 3 种颜色的三大类型 HTIC 纳米材料，带永久性正电荷的纳米颗粒通过吸附作用阻滞聚合物的通过。在室内筛选出适合于孤东油田注聚井封堵、封窜的系列阻聚堵水剂，经多次室内模拟岩心流动试验，其岩心堵塞率达到了 98% 以上，具有良好的耐水、耐聚合物溶液冲刷能力，现已进入阻聚堵水剂的中试生产阶段，已进入现场(多口井)试验。

（五）纳米技术在破乳剂中的应用

纳米技术在破乳剂中的应用目前研究很少，北京交通大学开发了纳米材料在破乳剂上的应用，研制的纳米破乳剂的性能评价实验表明，在破乳剂聚醚分子中通过化学反应键入纳米氧化物，原有的有机高分子破乳剂的用量可以节省 10%～20%，破乳脱水的时间可以加快 30min 左右，脱水率也可以提高 20%～30%，该纳米破乳剂具有很高的实用价值。

（六）纳米技术在油田污水处理中的应用

目前，二次采油、三次采油已成为中国油田(特别是东部油田)提高采收率的必要手段，随着原油自身含水量和注入水量的增加，油田产出水的处理非常重要。石油天然气的勘探开发过程中要产生大量污水，由于这些污水中含有大量对环境有害的有机物和重金属离子，不加处理随意排放，会对生态环境产生严重影响。同时，在油气开采中分离出的污水，由于其中固体悬浮物和细菌含量较高，若不加处理，重新用于油气井回注，悬浮物会堵塞油气层通道,影响油气井产量。细菌的大量繁殖不仅会腐蚀油气管线和其他注水设备,而且也会堵塞油气通道,影响油气井寿命。

纳米材料与传统材料相比,优点为:比表面积大,可与废水中有机物充分接触,最大限度地吸附在表面;对紫外光等吸收能力强,具有很强的光催化降解能力,可快速将吸附在其表面的有机物分解。另外,用纳米材料作为净水剂,其吸附能力和絮凝能力增强,能将污水中悬浮物完全吸附并沉淀,然后采用纳米磁性物质、纤维和活性炭的净化装置,除去水中的固体污染物。再经过带有纳米孔径的特殊水处理膜和带有不同纳米孔径的陶瓷小球组装的处理装置后,可将水中的细菌等去除,得到能饮用的纯净水。

在研究油田含油污水的光催化降解试验中,用125 W的中压汞灯作为光源,实验结果表明,用纳米二氧化钛光催化剂处理含油污水在技术上是完全可行的,它的特点是反应的初速度特别快,而后才逐渐变慢。

(七)纳米粒子在石油管丝扣油润滑添加剂中的应用

油气井完井时需连入套管完成,而在油气开采的全过程中,更是离不开生产油管。由于检泵、射孔、压裂、酸化作业、井下测试等一系列的井下作业都需要起下油管作业,油管一般一根长为10m左右,对于几千米深的井通常需要几百根油管相连,质量达几十吨,因此,在起下油管过程中既要求油管扣上紧,以免因扣松使油管落入井中;又要防止过紧而发生咬扣。目前,油田现场普遍采用丝扣油或黄油作为管扣润滑剂,但都不十分理想,仍然经常出现咬扣现象,并且由于丝扣油或黄油的减摩效果不佳,油井作业工人连续数小时起下数十吨重的油管柱,上扣、卸扣劳动强度大,也降低了劳动效率。考虑到纳米材料的强度硬度大,以及其良好的抗磨减磨的优点,可将纳米粒子作为石油管丝扣油润滑添加剂加入丝扣油中,涂于丝扣,这样既可避免咬扣,又可改善扣与扣之间的摩擦,使上扣、卸扣省力。

采用的方法可以是先对纳米粉体进行表面改性,使其表面吸附一层油溶性的表面活性剂,然后再添加到基础油——丝扣油中。在选择表面修饰剂时,除考虑其油溶分散性外,还应考虑表面活性剂解吸后在油中应具有良好的摩擦性能,表面修饰剂可选择二烷基二硫代磷酸、烷基磷酸酯、硬脂酸、油酸、EHA含N有机化合物。

(八)纳米技术在油田其他方面的应用

加入纳米粉制成的高科技防腐涂料,目前已在大庆油田、胜利油田得到成功的推广应用,现场应用表明,该涂料具有极强的耐磨、耐腐能力,利用由下到上、由原子到分子、由分子到聚集体的外延生长纳米化学方法,可以在特定的表面上建造纳米尺寸几何形状互补的(凸与凹相同)界面结构。由于在纳米尺寸低凹的表面可使吸附气体分子稳定存在,所以在宏观表面上相当于有一层稳定的气体薄膜,使油或水无法与材料的表面直接接触,从而使材料的表面呈现超常的双疏性,这时水滴或油滴与界面的接触角趋于最大值。如果在输油管的管道内壁采用带有防静电功能的材料建造这种表面修饰涂层,则可实施石油与管壁的无接触运输,这对于轴油管道的安全高效运行、减少渗漏损失具有重要价值。

二、纳米材料在化工行业中的应用

(一)纳米材料在催化领域的应用

随着人们对生活质量要求的日益提高,对环境保护的要求也越来越高,需要不断开发各种性能独特的优异化工产品,不断改造传统工艺,开发新工艺,提高原子经济性,实现零排放,而其关键技术是催化技术。催化剂在化学化工许多领域中起着举足轻重的作用,它可以控制反应时间、提高反应效率和反应速度。大多数传统催化剂不仅催化效率低,而且其制备是凭经验进行的,不仅造成生产原料的巨大浪费,使经济效益难以提高,而且对环境也造成污染。纳米粒子比表面积大、活性中心多(为它作催化剂提供了必要条件),再加上纳米材料催化剂具有独特的晶体结构及表面特性(表面键态与内部不同,表面原子配位不全等),其催化活性和选择性都大大优于常规催化剂,可大大提高反应效率,控制反应速度,甚至使原来不能进行的反应也能进行。纳米微粒作催化剂比一般催化剂的反应速度可提高10~15倍,国际上已把纳米催化剂称为第四代催化剂。

纳米微粒作为催化剂应用较多的是半导体光催化剂,特别是在有机物制备方面,分散在溶液中的每一个半导体颗粒,可近似地看作是一个短路的微型电池,用能量大于半导体能隙的光照射半导体分散系时,半导体纳米粒子吸收光产生电子—空穴对,在电场作用下,电子与空穴分离,分别迁移到粒子表面的不同位置,与溶液中相似的组分进行氧化和还原反应。光催化反应涉及许多反应类型,如醇与烃的氧化、无机离子氧化还原、有机物催化脱氢和加氢、氨基酸合成、固氮反应、水净化处理、水煤气变换等,其中有些是多相催化难以实现的,半导体多相光催化剂能有效地降解水中的有机污染物。已有文章报道,选用硅胶为基质,制得了催化活性较高的 TiO_2/SiO_2 负载型光催化剂,Ni 或 Cu-Zn 化合物的纳米颗粒对某些有机化合物的氢化反应是极好的催化剂,可代替昂贵的铂催化剂。

用 TiO_2 膜太阳光催化氧化处理毛纺染料废水效果优于生化处理,在某载体上镀 TiO_2 膜可连续使用,无须分离,而生化法投资大。占地面积大且受季节影响较大,有人曾对水中 34 种有机污染物的光催化分解进行了系统的研究,结果表明,光催化氧化法可将水中的烃类、卤代物、表面活性剂、染料、含氮有机物、有机磷杀虫剂等较快地氧化为 CO_2 和 H_2O 等无害物质。利用纳米粒子的光催化降解作用,还可处理化工污水,如钛酸酯在天然水体中属于难生物降解的化合物,但其在水体表面微层中富集,利用纳米 TiO_2 可对表面微层中的钛酸酯进行光降解,在有溶解氧存在下,其降解率达98%。又如以悬浮态 TiO_2 为催化剂,浓度为 2g/L,在有溶解氧的条件下,水溶性偶氮染料易发生光催化降解反应。此外,纳米粒子光催化还能解决汞、铬、铅等金属离子的污染问题。光催化降解具有常温常压下可进行、能彻底破坏有机物、没有二次污染且费用合理等优点。$NbFe_2O_3$ 纳米粒子应用于汽车尾气处理,能使尾气中有害的 NO 的94%经催化转化为 N_2。

纳米催化剂在加氢催化反应中起到了提高催化活性和提高选择性的效果,如用粒径为 30 nm 的 Ni-UFP 作环辛二烯加氢生成环辛烯的催化剂,选择性为 210,而用传统的 M 催化剂的选择性仅为 24;以粒度小于 100nm 的镍和铜—锌合金的纳米材料为主要成分制成的加氢催化剂,可使有机物的氢化率达到传统镍催化剂的 10 倍。纳米 Pt 粉、碳化钨粉也是高效的加氢催化剂,超细 Ag 粉则可以作为乙烯氧化的催化剂;将纳米钯(5nm)负载 TiO_2 上,在常温、常压下催化 1-己烯加氢反应,可生成 100% 的己烷,但在相同反应时间及反应条件下常用的钯催化剂只能得到 29,7% 的己烷;将纳米镍铈、镍钯铈等超微粒子用于苯、甲苯的加氢反应,发现纳米镍铈在气相苯加氢反应中具有高的选择性和热稳定性;将纳米钯 Al_2O_3 用于丁二烯选择性加氢,反应温度为 40℃～80℃时,加氢活性和选择性都明显高于传统催化剂。

纳米铂黑催化剂可使乙烯的氧化反应温度从 600℃降至室温;马来酰亚胺在纳米 TiO_2 催化作用下,其固化温度降低 40℃～50℃,而玻璃化转变温度可以提高 50℃;用纳米 Fe_3O_4 作催化剂,可以在较低的温度(270℃～300℃)下分解 CO_2 为 C 和 O_2 等;5nm 的 Ni/SiO_2 对丙醛的氢化呈高选择性,使丙醛氢化为正丙醇,抑制脱羰基引起的副反应。由大连化物所承担的苯催化选择加氢合成环己烯项目通过验收,该项目开发的亲水性调节和活性组分晶粒度控制新方法以及研制的负载型纳米非晶态合金催化剂,具有原创性,催化剂的反应性能已达到国际先进水平。大连化物所成功研制出的苯催化选择加氢合成环己烯负载型纳米非晶态合金催化剂,制备方法简单,贵金属用量少,活性和选择性高。中科院化学所分子纳米结构与纳米技术重点实验室在制备金属纳米空心球催化剂方面取得新进展,该研究小组利用钴与贵金属的盐溶液能发生置换反应的特点,使钴纳米粒子与氯铂酸直接反应制得铂的空心纳米球。铂的空心球不仅在直接甲醇燃料电池方面有着潜在的应用前景,而且还有望应用于与铂催化剂相关的研究领域。

纳米材料稀土氧化物/氧化锌可作为二氧化碳选择性氧化乙烷制乙烯的催化剂,它是以 ZnO 为载体担载稀土氧化物作为活性组分,载体 ZnO 是平均粒度为 5～80nm 的超细纳米粒子,所用稀土氧化物为镧、铈、钐等稀土元素中的一种或几种混合氧化物,含量为 10%～80%。用这种纳米催化剂,乙烷与二氧化碳反应可高选择性地转化为乙烯,乙烷转化率可达 60%,乙烯选择性可达 90%。

用纳米微粒作催化剂提高反应效率、优化反应路径、提高反应速度方面的研究,是未来催化科学不可忽视的重要研究课题,很可能给催化在工业上的应用带来革命性的变革。

(二)纳米材料在高分子材料中的应用

1.在塑料上的应用

纳米塑料就是将纳米尺寸大小的超细微无机粒子填充到聚合物基体中的复合材料。该材料具有有机聚合物韧性好、密度低、易于加工等优点与无机填料的强度和硬度较高、耐热性好、不易变形等特点,是现代社会中最重要、应用最广泛的材料,把纳米微粒掺入到塑料中,具有增强、增韧与耐磨损的效果,而且还能提高塑料的成型加工性。如超高分子量的聚乙烯,熔体黏度极高,加工困难,采用适当的工艺制成纳米复合材料后,加工性能得到了极大的改善。在塑料加工过程中添加纳米 ZnO、$CaCO_3$ 不仅可以提高塑料制品的抗冲击强度,而且可以起到杀菌保洁、抗老化等作用,应用此技术可生产抗菌冰箱、抗菌洗衣机、无菌餐具等家用电器及生活用品。在聚丙烯树脂中加入纳米 SiO_2 后,其强度和韧性明显提高,具有良好的低温抗冲击性能,且尺寸稳定,加工性能改善,有极好的表面光洁度,在某些领域可替代尼龙 6 等高级材料,而成本却降低了 1/3。用纳米 $CaCO_3$ 改性高密度聚乙烯,冲击性能和断裂伸长率大大提高。

中科院化学所在国内首先研制生产出纳米聚酰胺 6 塑料和增强型纳米聚酰胺 6 塑料。纳米聚酰胺 6 塑料是采用纳米蒙脱土进行改性,从而极大地提高了聚酰胺材料的力学性能、耐热性能等其他性能,并获得了性能极其优异的工程塑料。此外,尼龙 6(PA6)纳米塑料在作为工程塑料的基础上还制备了高性能的 NPA6 膜切片,该切片适用于吹塑料和挤出制备热收缩肠衣膜、双向拉伸膜及复合膜。与普通薄膜相比,NPA6 膜具有更佳的阻隔性、力学性能和透明性,因而是更好的食品包装材料。中科院化学所与北京联科纳米材料有限公司采用纳米材料对 PET 进行改性,使 PET 的力学、阻燃和结晶性能大大提高,成为可替代 PBTGF 的理想材料。该材料可用于生产汽车、电子、电器、商用机器、通信及其他产品的零部件。

青岛化工学院进行了聚甲基丙烯酸甲酯纳米微粒对硬质聚氯乙烯/氯化聚乙烯的改性研究,所得产品的冲击强度显著提高,同时拉伸强度、伸长率和加工流变性也有所改善。

纳米黏土的加入可以令复合材料的刚度和耐热性明显增加,同时冲击韧性的下降并不明显,已广泛应用于 PP、PA 等聚合物材料中。应用纳米尼龙复合物作为包装塑料中的阻隔材料在国外已成热点,应用纳米蒙脱土(n-MMT)为钝化阻隔层、吸氧剂为活化剂,可使 PA6 的 O_2 透过率下降到 1/100,作为三层结构啤酒瓶的芯层可使啤酒货架寿命由不足 120 天延长到 180 天。将 MMT 用于三层 PET 瓶的芯层,厚度仅为 PET 瓶的 10%,但透氧性能下降到 1/100,且中间不需要黏结层,加工方便,同时阻隔瓶仍可保持玻璃的透明度。UBE 公司也利用尼龙纳米黏土复合材料开发燃油系统用阻隔材料,5% 的 n-MMTPA6 或 PA66 共混物可使材料的汽油渗透率下降到 1/4,已用该技术成功开发出阻隔燃油管道,用 MMT 等无机纳米材料添加到聚合物中,还能为聚合物增加一些特殊的功能,如抗菌性、阻隔性、耐候性、阻燃性等。如用 2%、5% 的 n-MMT 添加到 PA6 后,复合材料的热释放速率值分别下降了 32% 和 63%,且燃烧时不产生烟雾。由武汉石油化工厂与华中科技大学共同研究开发的纳米阻燃 PP 专用料技术,在利用 Sb_2O_3 对 PP 起阻燃作用的同时,实现了对 PP 的增强、增韧,得到了具有优异阻燃性能和力学性能的 PP 基纳米复合材料。在填充 5% 的纳米 Sb_2O_3 后,其阻燃性能达到 V-O 级,机械性能良好。该技术的创新之处在于采用原位共聚合方法在纳米 Sb_2O_3 的表面包覆聚丙烯酸酯类聚合物,然后与 PP 复合,解决了纳米粒子团聚的问题,有利于 Sb_2O_3 在聚合物基体中分散。该技术实现了阻燃功能与增强、增韧的集成,达到了国际先进水平。

纳米 TiO_2 因其粒径只有普通二氧化钛的 1/10,它不仅能影响细菌繁殖力,而且能破坏细菌的细胞膜结构,从而彻底降解细菌,防止内毒素引起的二次污染。纳米 TiO_2 在降解有机污染物和杀灭细菌的同时,自身不分解、不溶出,光催化作用持久,并具有持久的杀菌、降解污染物效果。添加约 1％纳米 TiO_2 的抗菌塑料,可广泛应用于食品包装、电器、家具、餐具、公用设施等,以防止病菌的繁殖和交叉感染。四川攀枝花钢铁公司自主开发了纳米二氧化钛制备技术,年产 200t 的生产基地已投产。

2.在橡胶上的应用

利用纳米材料的特性,研究开发出添加纳米材料改性的橡胶制品,如纳米 ZnO 用于制造耐磨的橡胶制品,可以使飞机轮胎、轿车用的子午胎等具有防老化、抗摩擦起火、使用寿命延长等性能。据称,轮胎侧面胶的抗折性能可由 10 万次提高到 50 万次,而且其用量仅为普通 ZnO 的 30％~50％。把纳米微粒掺入到橡胶中,同样具有增强、增韧与耐磨损的效果,纳米级炭黑、白炭黑、氧化锌、二氧化钛、氧化铁和碳酸钙等纳米材料已用于橡胶制品中。如在聚丁苯和氯化聚乙烯中添加 SiO_2 而生产出的橡胶制品(如彩色防水卷材、场地材料等),其韧性、强度、伸长性、抗折性能、抗紫外线老化和热老化性能均达到或超过 S 元乙丙橡胶。舟山明日纳米材料有限公司采用无机纳米 SiO_2 和橡胶分子的接枝作用,造出高性能多功能的纳米 SiO_2 改性彩色橡胶,其各项性能指标均得到大幅度提高,并制成了纳米 SiO_2 改性彩色防水卷材及配套胶黏剂、纳米 SiO_2 改性场地材料及彩色轮胎等。采用纳米材料改性的橡胶手套可广泛用于家庭和医院,具有杀菌功能。据杜邦公司报道,该公司采用纳米改性材料可生产出 15 个方面 52 类新一代抗菌性产品,广泛用于生活、办公及学习用品,以提供长效性的杀菌及防霉效果。

3.在纤维上的应用

在合成纤维中掺入纳米材料,可以起到抗菌、防霉、除臭、屏蔽红外线、抗静电、抗紫外线等作用。目前,在合成纤维树脂中添加纳米 ZnO、纳米 SiO_2 等复配粉体材料的技术已开发成功,有些是近期开发成功并实现产业化的。如日本帝人公司将纳米 ZnO 和纳米 SiO_2 混入化学纤维,得到的化学纤维具有除臭及净化空气的功能,这种化学纤维被推广用于制造长期临床病人和医院的消臭敷料、绷带、睡衣等。日本仓螺公司将纳米 ZnO 加入聚糖纤维中制得了防紫外线纤维。该纤维除了具有防紫外线功能外,还具有抗菌、消毒、防臭的功能。我国西安科技人员将纳米大小的抗辐射物质溶于纤维中,制成了可防紫外线、电磁波辐射的纳米服装,在合成纤维树脂中添加纳米 TiO_2、纳米 ZnO、纳米 SiO_2 等复配粉体材料,经抽丝、织布,可制成杀菌、防霉、除臭、抗静电和抗紫外线辐射的内衣和服装,可用于制造抗菌内衣用品及紫外线照射强烈地区的着装。将金属纳米粒子添加到化学纤维中可以起到抗静电的作用,将银纳米粒子添加到化学纤维中还有除臭灭菌的作用。

纳米技术的进步使纳米材料在 PET 等纤维中得到进一步应用,一批通过共混、复合纺丝或整理加工等技术制造的含纳米材料的功能性 PET 纤维相继面世,其中如吸收远红外线、抗紫外线、抗菌、防臭、防辐射、变色、芳香、耐热、阻燃、抗静电、导电等不同功能的 PET 纤维已引起人们关注。例如,作为紫外线屏蔽添加剂使用的无机纳米材料主要有二氧化钛、氧化锌、三氧化二铝、氧化锰等金属氧化物,这些添加剂的主要作用是能有效地屏蔽对人体产生伤害作用的波长在 $200\sim400\mu m$ 范围内的紫外线。我国东华大学、上海第十七化纤厂等也在从事防紫外线 PET 纤维的开发;天津石化公司应用纳米技术开发的抗菌纤维、远红外纤维和抗紫外纤维已批量推向市场,该公司研发的抗紫外涤纶短纤维还进入了竞争激烈的美国市场。

三菱人造丝公司还生产高吸水性和手感凉爽的含微孔的中空超细纤维,该纤维在制造中添加 $0.4\%\sim5\%$ 平均粒径 $0.02\sim0.3\mu m$ 的碳酸钙粒子,胶体状的碳酸钙粒子与聚酯熔融纺丝,制得中空度大于 25% 的中空纤维,然后经碱处理,在纤维表面形成凹凸结构及沿轴向 $1\sim15\mu m$、径向 $1\sim7\mu m$ 贯通中空部分的微孔,从而赋予 PET 纤维以良好的吸湿、导湿性及干爽的手感。

中国科学院化学所研究小组在超疏水性纳米界面材料方面的研究取得突破性的进展,利用一种双亲性的高分子聚乙烯醇为原料,制备了具有超疏水性表面的纳米纤维聚乙烯醇纳米纤维。由于聚乙烯醇分子在纳米结构表面发生重排,疏水基团向外,分子间氢键向内,使得整个体系的表面能降低,从而表现出超疏水性。

中科院化学所江雷教授首次提出"二元协同纳米界面材料"这一新概念,并利用这一理论研制出同时具有超疏水性和超疏油性的"超双疏性界面材料",采用这种材料处理的纺织品同时具有防水和防油的功能。西安高新技术开发区的杨建忠科研组开发的纳米改性纤维可以阻隔95%以上的紫外线和电磁波,而且无毒、无刺激,不受洗涤、着色和磨损的影响,可制成衬衣、裙装、T恤等防紫外线和电磁波辐射的"纳米服装"。中国纺织科学研究院、化工科技研究总院等也在开展纳米改性合成纤维的应用研究和开发。北京安美尔集团总工程师舒军和东华大学教授戴承渠采用30 nm的超微颗粒与合成纤维原料共混,研制出抗菌复合纤维。这种抗菌复合纤维具有强大的抗菌功能,对人体非常安全,经中华预防医学会认证,该产品与同类产品相比,分散性能更好,抗菌能力更强,安全性可靠,吸水性强,透气性好,以这种材料制成的抗菌卫生巾、卫生护垫等个人卫生用品现已正式推向市场。安美尔集团还成功研制出一种同时具有抗菌、发射远红外线和发生负氧离子的功能纤维。这种功能纤维发射的远红外线可在皮下产生温热效应,改善微循环,促进人体新陈代谢,是远红外线保暖服装最好的更新换代材料。

(三)纳米材料在黏合剂和密封胶改性中的应用

在黏合剂和密封胶中添加纳米材料可使黏合剂的黏结效果和密封胶的密封性能大大提高。

武汉大学与湖北洪磷化工(股份)公司联合研制成功改性纳米硅酮密封胶黏剂新产品,该品具有优异的耐高、低温及耐老化性能,黏结效能好,主要用于车船耐压、玻璃安装、建筑幕墙结构装配、车间等工业单元的幕墙安装及金属构件的结构黏结等,实用价值高,应用范围较宽。该新产品已在武大随州科技园正式投产,项目首期投资2000万元,年产有机硅密封胶3600 t。

武大光子科技有限公司与武大有机硅新材料股份有限公司共同研究开发的改性纳米 SiO_2 建筑用有机硅室温硫化密封胶,已被纳入湖北省科技产业化项目科技成果重点新产品计划。据悉,改性纳米 SiO_2 建筑用有机硅室温硫化密封胶,主要以四甲基硅烷为原料,对纳米 SiO_2 进行改性,适于提高室温硫化硅橡胶的强度和触变性,用于有机硅建筑密封配方和生产。

(四)纳米材料在油墨改性中的应用

在油墨中添加纳米材料可以提高油墨的流动性和着色力,并可不依靠材料颜色而通过选择颗粒均匀、体积适当的粒子材料来制得各种颜料的油墨,如可在油墨中添加纳米碳酸钙、白炭黑等填料,从而制得高品质的各种颜色的油墨。

第三节 功能碳基复合材料在锂硫电池中的应用

碳基复合材料由于结构可变、形貌可调、成分可控,能够展现出优异的理化特性,在能源存储和转化领域具有极大的应用潜力。其中,锂—硫电池作为高效的能源存储和转化器件,长期受困于硫和硫化锂绝缘的瓶颈,亟需开发高导电的储硫载体帮助锂—硫电池实现可逆充放电。研究表明,碳基复合材料具有强的导电能力,且可以通过表/界面和缺陷工程的技术制备获得,易于实现多功能的耦合,能够显著改善长循环中硫正极的流失,缓解容量和倍率的衰减。

一、概述

开发持续稳定、绿色环保的新型清洁能源替代传统化石能源是实现人类社会可持续发展的关键途径。目前,人们开发的新型能源受到自然环境、生态干扰和时空差异的不利影响,而无法高效、安全地进行能量转化,严重制约了新型清洁能源规模化应用。为了克服上述困难,将新型清洁能源转化为电能进行存储和消纳是可行策略。因此,高比能是储能器件应用的重要前提。锂—硫电池的正负极材料同时具有高比能的天然优势,在新型清洁能源的转化中被科研和产业界同时寄予厚望。

一方面,在地壳中硫的储量丰富易于获得;另一方面,硫单质兼具高理论比容量($1675\ \mathrm{mAh\cdot g^{-1}}$)和能量密度($2600\ \mathrm{Wh\cdot kg^{-1}}$)的双重优势,可以在大型供能设备的储能段提供稳定持续的能量供给。遗憾的是,硫本征导电性差,电子迁移能力弱,无法实现锂—硫电池的可逆充放电循环。利用高导电的碳基材料作为储硫载体,构建碳—硫复合正极能够大幅提升电池的可逆循环性能,但是在充放电过程中相变反应复杂,而且中间态的各相行为多变。其中初始 S_8 和终态的 Li_2S 及其中间态 Li_2S_2 均为电子绝缘体,易团聚钝化,溶液相中间态的多硫化锂易穿梭溶解,均会造成活性物质硫单质的不可逆损失。因此,开发先进的碳—硫复合体系来提升锂—硫电池的电化学性能成为关键。

碳基复合载体通常由碳基材料和各种金属基材料复合而成,使得复合材料组分整体可变、形貌均匀可控、结构灵活可调,不仅能够整合多维分级结构的维度优势,而且能够调制不同组分的理化特性,协同实现复合材料的功能叠加,从而进一步提升电子的高效输运,以及对溶液相多硫化锂进行有效的功能调制,促进硫正极的高效转化。

二、锂—硫电池的反应机制表征及挑战

锂—硫电池在充电过程中对应于硫正极脱锂化反应,放电过程对应嵌锂反应,总的反应方程式可以表达为:$S_8+16Li^++16e^-\leftrightarrow 8Li_2S$。充电过程中,$Li_2S$脱锂为单质硫。放电过程中反应复杂,由多种固相和液相的相转变构成,涉及初始/中间/终态六种产物的衍变。

在负极侧的固—液界面处,金属锂负极不稳定。在充电中金属锂表面发生不均匀的沉积聚集成树突形状的枝晶,形成了一层固体电解质界面膜。这些固体电解质界面膜的亲锂特性会吸纳更多的锂沉积并诱导固体电解质界面膜破裂,会刺穿隔膜引起电池发生短路,给电池的持续运行增加安全隐患。醚类电解液不仅要负责锂离子的高效运输,而且还要和溶液相中间态的多硫化锂互相兼容。因此,需要调控商用醚类电解液的黏度和极性,从而提升锂—硫电池循环实用化性能。同样,在正负极之间的隔膜阻断电池两极的直接接触,防止电池的内部短路,并要让电解液中的锂离子顺利通过,保证电池内部回路的畅通。

(一)锂—硫电池反应机制的表征技术

经过多年的研究,科研工作者对锂—硫电池工作原理的了解逐渐深入,发现基于原位表征技术可以对锂硫电池体系中电化学过程进行精准的解析。例如,原位拉曼光谱可以收集极化的正极表面和液体有机电解液中时间和空间分辨的实时信息,从而准确判断电位驱动下硫正极及其中间相的生成动力学。多硫化锂中 S^{2-} 阴离子和自由基的拉曼谱峰均在 $550\ cm^{-1}$ 波数以下,其中 S_8 的特征峰在 $150\ cm^{-1}$、$219\ cm^{-1}$ 和 $474\ cm^{-1}$;高阶多硫化锂中的阴离子(S_8^{2-}、S_6^{2-} 和 S_4^{2-})也可以利用拉曼光谱进行检测;此外,S_3 自由基在 $525\sim535\ cm^{-1}$ 内具有特征信号。原位红外光谱技术能够区分不同多硫化锂物种中二硫键的振动模式。多硫化锂(Li_2S_x,其中 $x=(2\sim8)$)的特征峰依次为:$Li_2S_2\sim475.8\ cm^{-1}$,$Li_2S_3\sim479.5\ cm^{-1}$,$Li_2S_3.s*$(* 表示为两种多硫化物的混合相)$\sim483.3\ cm^{-1}$,$Li_2S_4.5*\sim487.8\ cm^{-1}$,LioSs～490.6 cm^{-1}、LioS$_6$～495.2 cm^{-1} 和 Li$_2$S$_g$～504.0 cm^{-1} 范围。此外，红外光谱还能对电解液中三氟甲磺酸盐阴离子配位状态进行清晰的监测。在原位紫外光谱中位于 70～280 nm 范围内弱的特征吸收峰表明 S8 在电解液中有极低的溶解度。而中间相的多硫化锂中的 S^{2-} 阴离子在 350～500 nm 范围内有很强的吸收峰，中间态 S$_3$ 自由基在 620 nm 处有强吸收。而且长链的多硫化锂往往在长波长处具有吸收峰。例如，Li$_2$S$_8$ 的吸收峰位于～500 nm，而 Li$_2$S$_4$ 的特征峰位于～400 nm 附近。

（二）锂—硫电池正极材料的挑战

硫正极由于本征电子传输能力差，电导率无法满足二次可逆充放电的需求。碳基复合材料普遍具有较高的电子迁移能力，且亲硫性强，为解决硫正极无法可逆充放电的循环提供了可行途径。然而，碳—硫正极在长循环中依然存在以下三个方面的问题：①完全锂化后所生成的终态产物硫化锂，体积膨胀率达到 80%，严重影响电极材料的结构完整性。②随着电解液中溶液相中间态的多硫化锂的溶解，导致浓差极化加重，终态电子绝缘的硫化锂表面容易致密化，进而形成一层厚厚的钝化层，均会降低转化动力学速率，严重削弱了硫单质的有效利用率。③硫正极放电过程中的中间产物极易溶解在商用醚类电解液中，随着电解液的流动穿梭至负极侧腐蚀锂，会引起严重的性能衰减和安全隐患。如何从形貌构建、结构设计和成分优化三个层面出发，构建轻质/多功能位点的碳基复合材料是提升锂—硫电池实用化性能（高硫含量、厚面积担载量和低电解液用量/硫正极含量 E/S 比）的必由之路。

三、功能碳基复合材料储硫正极的研究进展

碳基复合材料具有组分丰富、形貌多样、结构稳定以及易于修饰改性等特点，被广泛用于硫正极载体材料。根据高性能储硫载体所需要的高导电、强固硫和快催化的三功能要求，下文将从碳基复合材料的形貌构建、结构设计以及组分优化等方面分别论述多功能的复合碳基载体材料在锂—硫电池中的研究进展。

（一）单功能导电碳基储硫正极的研究进展

提升碳基材料的石墨化程度，优化材料的空间形貌（如形成三维交联互

通的空间网络),构建杂原子掺杂(N/P/S)均能够有助于电子的快速定向输运,可以显著提升碳基材料的储硫性能。加拿大滑铁卢大学的 Linda Nazar 教授课题组设计出一种高度有序的介孔碳管,通过浸渍将硫熔融渗透进入一维介孔碳管(CMK-3)中,利用高度有序的介孔碳与硫正极的充分浸润,实现了一维碳基材料在锂—硫电池中的可逆循环,100 个周期后依然具有 390 mAh g^{-1} 的放电容量,随后,将碳纳米管设计为"薯条"形状,中空的碳管内部可用于存储单质硫,外表的介孔可促进锂离子的迁移。与只有单一介孔的 CMK-3 相比,中空的大孔不仅有利于获得高硫载量。而且可预留空间缓解硫化锂的体积膨胀效应。该复合硫正极经过 180 个周期循环后,容量依然具有 460 mAh g^{-1},每圈的容量衰减率为 0.3%。相比单一介孔碳—硫正极,该复合正极具有更稳定的循环能力。为了进一步提升锂—硫电池的首圈容量低的问题,首先设计出具有"胶囊"形貌的硫正极载体,通过精确调控胶囊壁的直径和孔的分布,增大硫与载体的接触表面积,并利用高的孔隙率实现载体的高硫负载(76 wt%)。基于碳基材料几何结构的优化,该复合正极在 0.5 C 的电流密度下将首圈放电容量提升至 1165 mAh g^{-1}。考虑到长循环中多硫化锂在电解液中的穿梭会引起电池容量的快速衰减,利用模板牺牲策略制备出具有核壳结构的碳基纳米材料,除了分级多孔和表面结构优势,核壳结构的"空间限域"效应能够有效约束多硫化锂在电解液中的溶解扩散。复合电极循环 200 个周期后依然具有 647 mAh g^{-1} 的可逆容量,具有更加稳定的循环稳定性能和高的库伦效率。

虽然碳基材料的形貌工程能够显著提升碳—硫正极的循环性能,但是表面缺少功能位点的石墨化碳基载体很难满足实用化条件(如高硫载量)下的循环倍率性能。其中,通过对表面的碳原子进行杂原子修饰,形成缺陷构筑功能位点,既能诱导硫单质均匀地分布在载体表面,又能加强碳基体对硫及中间相的化学吸附作用,提升长周期循环中硫正极的利用效率。

一方面,设计出具有丰富的分级孔结构的碳基材料,能够从几何空间上调制载体的孔隙率和孔体积,优化碳基复合材料的储硫量和载流子的迁移速率。另一方面,在碳基材料表面可掺杂各类杂原子,形成具有缺陷的碳结构,这些杂原子掺杂的碳基材料能够与溶液相中间态的多硫化锂形成更强的化学吸附,可进一步提高硫正极的循环稳定性。对介孔碳进行了氮/氧原子的共掺修饰,通过直观的吸附实验和第一性原理计算结果同时表明碳基材料中负电性的杂原子对于溶液相中间态多硫化锂产生较强的化学吸附作用,可以更加强有力地吸附多硫化锂,能够约束多硫化锂的溶解和穿梭。当电极材料的面积担载量达到＞5 mg cm^{-2} 时,放电比容量提升至 1200 mAh g^{-1}。

(二)多功能导电碳基储硫正极的研究进展

通过对高导电的石墨碳基载体进行固硫的功能化修饰,能够提升长循环中电池的容量和利用效率,但是在电池长周期运行中,随着充放电的深度进行,电化学反应的浓差极化不断增加,反应动力学逐渐变慢,钝化现象加重。开发能够催化电化学反应动力学速率的载体至关重要。

此外,锂—硫电池的电极在高面积载量(＞2 mg cm^{-2})下依然具有高能量密度。因此,在石墨碳基材料上耦合多功能(固硫/催化)的金属化合物是提升锂—硫电池性能的有效策略。

(三)轻质/多功能导电碳基储硫正极的研究进展

虽然极性金属化合物原位耦合碳基材料可以提升硫正极的导电能力,增强导电碳基载体的固硫/催化功能。但是,在硫正极复杂的相变和多步的转化中,需要较长的驰豫时间,长循环中硫正极仍会流失。金属化合物有限的催化功能只能减缓电池的容量衰减,并不能实现长循环(＞500 周期以上)的稳定性。而且石墨化碳基材料孔隙率高,在装配电池工艺中所需电解液用量高,即低电解液用量/硫正极质量 E/S 比高,会降低液态电池的安全性。

综上所述,功能化的碳基复合材料具有导电能力强、固硫作用优异、催化效果显著的独特优势,通过对碳基复合材料形貌设计、体系优化和成分调控,系统地研究金属碳基材料不同成分、形貌和结构对电池性能的影响,分析充放电过程中硫及其中间相产物(多硫化锂)的电化学行为,揭示出电化学反应中载体材料与多硫化锂的相互作用机理,可以解决硫载量低、长循环中硫的利用率差,以及大电流密度/高硫载量下固相多硫化锂转化不充分、液相多硫化锂转化迟滞等问题,为获得轻质化/多功能的碳基复合储硫载体材料提供了可行策略。

参考文献

[1]孟祥海,段爱军.能源化学化工专业英语[M].北京:中国石化出版社,2020.

[2]包信和,宗保宁,潘智勇.能源化学与材料丛书己内酰胺绿色生产技术的化学和工程基础[M].北京:科学出版社,2020.

[3]李凤祥.基于环境生物电化学的废物能源化技术[M].北京:化学工业出版社,2020.

[4]汪朝阳.绿色化学通用教程(第2版)[M].北京:中国纺织出版社,2020.

[5]任慧,刘洁,马帅.含能材料无机化学基础[M].北京:北京理工大学出版社,2020.

[6]张秋云.制备可再生能源生物柴油的固体催化剂研究[M].北京:中国农业大学出版社,2020.

[7]闫慧君.Ni、Co、Fe基复合材料的制备及其电化学性能研究[M].重庆:重庆大学出版社,2020.

[8]魏范松.新能源材料La-Mg-Ni系A5B19型储氢合金的研究[M].镇江:江苏大学出版社,2020.

[9]罗学涛,刘应宽,甘传海.锂离子电池用纳米硅及硅碳负极材料[M].北京:冶金工业出版社,2020.

[10]孟楠.煤炭地下气化热弹性基础梁理论模型及应用[M].北京:应急管理出版社,2020.

[11]曾蓉.新型电化学能源材料[M].北京:化学工业出版社,2019.

[12]孙晓东,张乐.化学化工材料与新能源[M].长春:吉林大学出版社,2019.

[13]俞园园.化学化工材料与新能源研究[M].哈尔滨:哈尔滨地图出版社,2019.

[14]王红强.应用化学综合实验新能源电极材料的制备检测软包装锂离子电池的组装[M].北京:化学工业出版社,2019.

[15]张双全,吴国光.煤化学[M].徐州:中国矿业大学出版社,2019.

[16]潘卫国.分布式能源技术及应用[M].上海:上海交通大学出版社,2019.

[17]申少华,蔡冬梅.普通化学[M].徐州:中国矿业大学出版社,2019.

[18]苏福永,赵志南.能源工程管理与评估[M].北京:冶金工业出版社,2019.

[19]赵罡.新能源技术与应用研究[M].徐州:中国矿业大学出版社,2019.

[20]董光华,马彩莲,王美君.高等教育"十三五"规划教材能源化学概论[M].徐州:中国矿业大学出版社,2018.

[21]张军丽.化学化工材料与新能源[M].北京:中国纺织出版社,2018.

[22]姚颂东,王南,刘建坤.能源化学工程专业实验[M].沈阳:东北大学出版社,2018.

[23]钟洪彬,胡传跃,刘鑫.能源材料与化学电源综合实验教程[M].成都:西南交通大学出版社,2018.

[24]周长春,蒋荣立,吉琛.大学化学[M].徐州:中国矿业大学出版社,2018.

[25]李忠铭,贡长生,邹洪涛.现代工业化学(第2版)[M].武汉:华中科技大学出版社,2018.

[26]牟涛,郝丽杰,汪建江.绿色化学[M].天津:天津科学技术出版社,2018.

[27]薛永兵,刘振民,牛宇岚.能源与化学工程专业实验指导书[M].北京:科学技术文献出版社,2017.

[28]何雨骏,许海军,魏寿彭.探索化学化工能源之奥秘[M].北京:化学工业出版社,2017.

[29]蔡振兴,李一龙,王玲维.新能源技术概论[M].北京:北京邮电大学出版社,2017.

[30]孙秋野,马大中.能源互联网与能源转换技术[M].北京:机械工业出版社,2017.